U0075623

生態瞬間
方偉達著

前衛出版
AVANGUARD

NGO領袖推薦語

（依據筆畫順序排列）

Wei-Ta Fang paints a vibrant but heartbreaking picture of immediate ecological crises facing Taiwan. But by drawing eloquently on the latest scientific research, he points to solutions that respect cultural traditions while maximizing ecosystem integrity. This book will have a major impact on the collective environmental awareness of Taiwan's citizens.

——*Andrew Baldwin, SWS President 2009-2010*

方偉達描繪台灣充滿活力但是面臨立即生態危機的心碎圖像。但通過近年來富有表現力的科學研究，他指出解決之道要尊重文化傳統，同時將生態系統的完整性極大化。本書將會對台灣公民集體環境意識產生重大的衝擊。

——*安德魯・包溫*

國際濕地科學家學會會長（2009-2010）

美國馬里蘭大學環境科學與技術學系教授兼系主任

大地孕育了眾多的生命之美，人能夠感應到，就彰顯了生命之美。人不觀察大地、享受生態，就如同有兩眼視而不見，辜負了天賦。欣賞生態在於禁語，在於心靜，在於將心比心，你就會與天地合一，進入了大地生命的共同體。

——*陳章波*

台灣濕地學會常務監事

中央研究院生物多樣性研究中心退休研究員

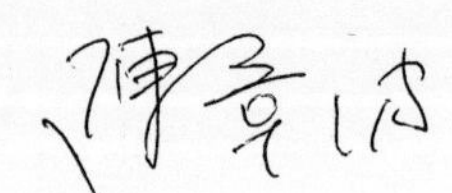

本書雖是作者集結過去兩年書寫特定人事的著作，但一路讀來，時而讚歎文章雋永，時而怨憎人類輕慢無知、政商貪婪。文中所提多件開發案件，爭議至今仍在持續上演，因此感受完全仍在當下，毫無過時。作者從環境生態出發，以人文關懷開展，所撰寫每篇文章，充滿情感，值得敬重推薦！

——詹順貴

中華民國野鳥學會常務理事

中華民國律師公會全國聯合會環境法委員會主任委員

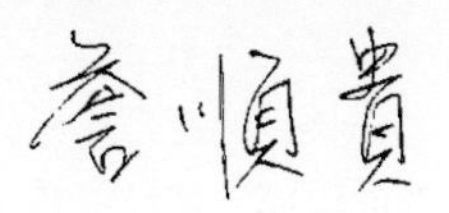

科技文明的抽象世界觀讓人類自我膨脹、計算（算計）自然、耗用（設計）土地、征服（瓦解）生界。期待本書傳達善知，讓人能在真實的世界裡感知世界，才能瞭解與被瞭解、在乎與關懷，才會有所行動。

——廖本全

台北大學不動產與城鄉環境學系教授

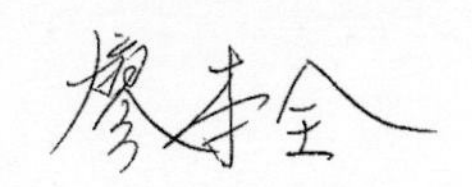

自序 瞬間・生態・台灣情

台灣位於歐亞板塊東緣，在地形上屬於亞洲的邊陲地帶，從人類歷史來看，從來不是屬於東方悠久文明的主流。以六百萬年才形成的新生地形看來，和地球四十六億年的歷史比較來說，也屬於地質學上初生的嬰孩。就是因為台灣年輕英挺，從海洋到高山，保留了溫、熱帶的豐富生態特性。目前台灣超過三千公尺的高山超過一百座，歷經崩塌、淋蝕、沖刷和風化等現象，產生了地貌短暫、淺薄及變動性大的特徵。

由於千百年來歷史的更迭，原住民、漢人、西班牙人、荷蘭人、日本人的文化不斷衝擊這個蕞爾小島，導致人類開發時間雖然短暫，但是文化的多變性，卻不亞於物種的多樣性。回溯漢人近四百年來的開拓史，人文環境和地理環境充滿著種種變數。

《生態瞬間》寫的是台灣生態的故事。這個生態，不只是談自然生態，而是涉及到人文生態的層面。尤其近年來台灣飽受地震、颱風及豪雨之苦，「物換星移、滄海桑田」，已經不是人類可以憑一己之力開發努力的結果，大自然主宰的瞬間威力尤其驚人。相形之下，台灣人民飽受天災威脅的事實，更加說明大自然不可抗拒的毀滅性。

然而，這本書卻記錄了「知其不可而為之」的再造成果。學者們透過生態保育、復育和教育的手法，進行生態調查、紀錄和重建的故事。本書中所有的篇章，都是以生態實際調查為基礎進行描述，通過攝影鏡頭「瞬間捕捉」來凍結當時的畫面，以輔助作者運用「文字意象」（literature image）來進行敘事旁白。因此，作者刻意保留當事人當時的背景、官銜和職稱，以紀念全書在《人本教育札記》刊登時（二〇〇七年～二〇〇九年）特定的人物記事。而在攝影者按下影像快門的同時，當時的「現在」已經註定成為了過去。

在撰寫本書的時候，作者一直深受台灣缺乏生態歷史文獻之苦，這種痛苦衍生出對於原住民口述歷史中「集體記憶」（collective memory）的迫切渴求。從原住民對於「台灣」命名的稱謂考證，到第一章阿美族的「馬太鞍」（樹豆）的命名，和泰雅族的生態記事（例如：泰雅晏蜓、木柵貓空和鎮西堡等相關篇章），都是試圖從台灣原住民口中擷取已經模糊的集體記憶。

透過山之巔到海之濱不斷走訪，從台灣北端走到台灣南端，作者除了探訪生態的最新議題，同時也思考著漢人和原住民之間的生態關係。

談到近年來最受矚目的生態議題，作者推測近代黑面琵鷺的數量銳減的原因，是受到韓戰爆發的影響；但是國際期刊中缺乏這類生態史的探討，只有從戰史中發掘黑面琵鷺消失的可能原因。此外，二〇〇八年登在報紙頭版的黑嘴端鳳頭燕鷗「小管」，因為覓食不慎喙部卡在塑膠管子中，成為二〇〇八年亟待救援的主角，但是二〇〇九年卻音訊全無。值得一提的是，棲身在台南官田和高雄左營的凌波仙子水雉，從濕地生態學的角度來看，已經成為以物種復育為主題的最佳典範。諸如此類的生態議題經過串連，融合成耐人尋味的自然篇章。

本書能夠完成，要感謝《人本教育札記》總編輯黃怡的邀約，作者以新人之姿在二〇〇七年開始撰寫「生態瞬間」。當時為這個專欄命名的時候，作者腦海中浮現的是宋朝大文豪蘇東坡的《赤壁賦》（一〇八二年）中描寫的壯闊場景：「蓋將自其變者而觀之，則天地曾不能以一瞬；自其不變者而觀之，則物與我皆無盡也。」

蘇東坡的「天地曾不能以一瞬」的「變化理論」，頗為符合現今瞬間多變的生態現象。但是，當時的照片隨著文字的合成記憶，也已成為了「物與我皆無盡」的瞬間永恆。

在美國麻州劍橋居住的時候，經常去拜訪美國近代自然文學作家愛默森在康克德的故居。一八三四年愛默森回到康克德，在故居中寫下《自然》。他以在山林中的體驗，闡述「一顆橡樹種子，會創造一千座森林」；當他面對生命的困頓，仰望遼闊的穹蒼，寫出了「天空最黑的時候，人才能看到星辰。」這些自然哲學理論，一直是作者返回台灣工作時牢記在心的座右銘。

本書寫完〈鎮西堡〉這個篇章時，適逢二〇〇九年八月八日的「八八水災」。在成書之時，台灣山林間紅色楓葉和大塊零離的黃色變葉木撲落時，就屬橙黃橘綠最燦爛。我想起「奼紫嫣紅色，從知渲染難」及〈桃花源記〉中的「落英繽紛」的章句。也許在二〇〇九年這個秋天，天上藍光點點，偶有烏雲風雨，秋颱蕭瑟過後，又是豔陽當空，將掃過天空所有的陰霾。

方偉達 寫於台北興安華城 2009/10/6

方偉達，德州農工大學生態博士。中華大學休閒遊憩規劃與管理學系助理教授，現任台灣濕地學會秘書長，曾任哈佛大學學生會會長，二〇〇七年亞洲濕地論壇副主席。白天穿著沼澤衣陷在泥沼中工作一天，接著可以穿著光鮮亮麗西裝、踩著油光水滑的皮鞋在哈佛校友會晚宴中，以科學家的身分出現進行慈善活動。某政黨人士對他說：「當年我們都是穿著草鞋革命的。」他笑笑的說：「有時我進到沒人敢去的濕地，連鞋子都沒有。」

二〇〇八年，方偉達因在《人本教育札記》月刊撰寫的專欄系列「生態瞬間」，以新人之姿，榮獲該年度的雜誌專欄金鼎獎。著有《聽濕地在唱歌》（新自然主義）。

我一筆一筆的採計土壤硬度，發現
後方平均沙洲的硬度約為六．五，
而且水鳥多樣性每年遞減。
攝影／何一先

目錄 Contents

〉阿美族的豐饒原鄉

花蓮馬太鞍濕地 01

從飛機上向花東縱谷遠望，蜿蜒的溪流自中央山脈切穿成峽谷地形，再向東流入花東縱谷，但是因為水流受阻於海岸山脈，潺潺流水再向北流匯入花蓮溪，成為一條一條的支流。其中馬太鞍溪和南清水溪南北兩條溪流，形成光復鄉馬太鞍地區的重要水源，「馬太鞍」（Vata'an），同時也是阿美族很早之前就定居的地方。我翻查部落歷史，馬太鞍是阿美族的祖先從塔谷漠（Takomo）移居的地方。

那麼，塔谷漠又在哪裡呢？塔谷漠是一塊沖積平原，在馬太鞍溪畔，位置約在花蓮縣鳳林鎮與光復鄉的交界處，目前是內政部計畫中的鳳林休閒渡假園區。在鳳林休閒渡假園區外，沿著台九線公路迎面而來的招牌寫著「流奶與蜜之地」。這個內政部營建署新生地開發局與花蓮縣政府共同開發的鳳林休閒渡假園區，面積四一五公頃，過去是阿美族馬太鞍部落的發祥地，也是馬太鞍的古戰場。

馬錫山攔截地形雨，雨水降落後，豐富的地下水自山腳下湧出，形成馬太鞍沼澤區。
攝影／方偉達

流奶與蜜之地

阿美族人自稱為「邦查」（Pangtsax），「邦查」是「人」的意思。其實，所有的原住民族的族名，例如：達悟（Tao）、泰雅（Tayan）、布農（Bunun）和鄒族（Cou），都是原住民自稱「人」的意思。至於「阿美」這個名稱，始於「阿米斯」（Amis）。根據清朝及日治時代官書的記載，漢人和日本人都是以「阿眉」來稱呼花蓮和台東的原住民。「阿眉」是南方的卑南族對於居住於北方阿美族人的稱呼，含意為「北方」。

傳說自遠古時代，阿美族的祖先從花蓮豐濱一帶上岸，在舞鶴建立了部落，但是因為人口繁衍，面臨糧食短缺的問題，有一支部落便向北遷徙，成為最早進入花東縱谷的阿美族群，在人類學者的分類中，屬於秀姑巒阿美族系。當時部落領袖帶著族人翻越海岸山脈，看見馬太鞍溪畔遼闊的平原，還有梅花鹿在平原上奔馳，但是因為連日大雨的關係，他們等待積水退去後，開始定居在溪畔的塔谷漠，成為現今馬太鞍人的祖先。

後來，馬太鞍人擴散族群到外地，北到花蓮鯉魚潭，南到台東大坡池，都可以聽到馬太鞍腔的阿美族語言。

因為馬太鞍溪洪水暴漲，造成塔谷漠氾濫，馬太鞍部落才沿著馬太鞍溪向上游遷徙，尋找心目中「流奶與蜜之地」。最後在中央山脈的馬錫山（海拔一一九三公尺）山腳下定居下來。在馬太鞍部落的南方就是著名的「馬太鞍濕地」，因為馬錫山攔截地形雨，雨水降落後，使豐富的地下水自山腳下湧出，形成馬太鞍沼澤區。

「馬太鞍」是一種樹豆

「那麼，為什麼要叫做馬太鞍呢？」

馬太鞍在阿美族語中是「樹豆」（vata'an）的名稱，樹豆（*Cajanus cajan*）是亞熱帶的豆科作物，又叫木豆、柳豆、白樹豆或埔姜豆。相傳台灣原住民自古就開始種植，所以漢人又稱這種平地難以見到的豆科植物為番仔豆。

樹豆氣味獨特，其中黑色樹豆具有民俗療效，多種植於馬太鞍地區。但是樹豆不是台灣原生種植物，其起源有可能來自於非洲東北部或是印度。在史前時代樹豆就已經在東南亞開始栽培，後來還引進美洲。

「那麼，是因為海上貿易有了樹豆，才有了馬太鞍地名嗎？」「還是有了馬太鞍地名，才將貿易得來的樹豆叫做馬太鞍呢？」因為馬太鞍阿美族栽種樹豆的歷史缺乏文字記載，有關於馬太鞍和樹豆的關係，讓台灣史學者傷透腦筋。

然而，可以相信的是樹豆（vata'an）用漢字發音應該是「法達岸」，而「馬太鞍」為日據時代日本人音譯所取名的漢字。西元一九三七年日本人稱呼此地為「上大和」，以紀念上古的大和國，到了台灣回歸國民黨統治，國民政府廢除上大和，改制為「光復鄉」。

一片特殊的濕地

濕地在馬太鞍阿美族語是felen，讓我想到沼澤（fen）這個英文單字，至今英國英格蘭東部的沼澤地區仍稱呼為Fen，甚至有千湖國稱呼的芬蘭（Finland），字根也是由沼澤（fen）這個單字而來。

過去，馬太鞍濕地在阿美族人的眼中，是充滿著危機的地方。由於濕地地勢低窪柔軟，很容易陷在裡面爬不出來，成年人嚴禁小孩接近濕地。而濕地除了有毒蛇還有猛獸，還是梅花鹿的天然陷阱，荷蘭人統治台灣南部的時期，用槍枝和阿美族人交換鹿皮。因為馬太鞍盛產鹿皮，運用濕地這種天然的陷阱捕捉梅花鹿，毛皮完整沒有缺陷，同時沒有傷痕，受到荷蘭人的喜愛。

阿美族人捕捉梅花鹿是因為經濟上的需求，但是在馬太鞍阿美族的生態觀念中，「敬天愛物」則是充滿著母性主義的宇宙和平觀。阿美族是母系社會，傳統信仰認為太陽是女神，而月亮是男神。月亮和太陽主宰宇宙的生命循環。太陽女神主管人類壽命；月亮男神主管動植物和礦物。

面對台灣東部洪水經常氾濫的惡劣生態環境，古代阿美族人相信做好事，就能夠保障馬太鞍溪不氾濫，而且作物年年豐收。他們相信草木山水是人類的父母，而蟲魚鳥獸則是人類的兄弟姊妹。在傳統服飾上，可以看出來愛好和平的阿美族人的圖騰以草木為主，而不像是其他的原住民部落以動物為主。因為阿美族人相信動物圖騰會招致惡靈。

千百年來阿美族馬太鞍人服膺祖先的訓誡，守住這一片山腳伏流湧泉產生的沼澤濕地，以農耕、捕魚及狩獵的方式，讓濕地成為馬太鞍部落最豐饒的生產區域，而且形成一種人與濕地和諧共生的特殊文化，這是台灣其他的濕地看不到的畫面。

生態的捕魚法

我站在馬太鞍濕地的芙登溪中，七月夏日的豔陽照得馬太鞍濕地水波粼粼，凝視著巴拉告（Palakaw），它是馬太鞍阿美族人所獨有，甚至是全世界獨一無二的一種傳統捕魚方式。

攝氏三十六度的豔陽下，溪水依舊清涼。阿美族老者向我示範著傳統的生態捕魚方法巴拉告（Palakaw）的魚筌設計，以及其中豐富的溪蝦。我知道他是從巴拉告的中間層舀出來的溪蝦，接著他又將小蝦送回繁殖。

「這就是馬太鞍濕地最佳的生態示範了。」老者說。

巴拉告傳統儀式在馬太鞍環山湧泉（Sa'tack）的山腳下舉行，以馬太鞍的原始捕魚方

魚筌中的溪蝦　攝影／方偉達

七月夏日的豔陽，照著馬太鞍濕地水波粼粼上的巴拉告。

攝影／方偉達

馬太鞍濕地的食蟲虻　攝影／方偉達

式，提醒族人飲水思源的重要，並且了解部落、族群、土地三者是不可分割的。馬太鞍人稱呼池塘為Lakaw，而巴拉告（Palakaw）指的是「讓魚棲息的池塘」。

巴拉告的做法是以生態金字塔的觀念設計魚的棲所，在溪流中佈置三層適合魚類的生存環境。最底層運用蛇木和中空的竹筒放置溪底，中間層綑綁九芎成束的中型樹枝，最上層則舖上細小竹枝。

依據生態金字塔的食物鏈原理，經過三、四個月之後，最底層的中空竹筒為鱸鰻、鰻魚、鱔魚、土虱等底棲無鱗魚類在此棲息；中間層是溪蝦、澤蟹等小型甲殼綱在此棲息；最上層是吳郭魚等有鱗魚類棲息環境。在此，微生物分解九芎的有機物質，成為小型甲殼生物的碎屑食物，其間繁衍的水蚤和水藻又成為魚類的食物。

如果當族人需要捕魚時，先將溪流裡的水慢慢舀出來，並將水閘門關上，將竹枝輕輕一拍，魚蝦自然掉入魚筌之中。對於馬太鞍人來説，巴拉告是維繫阿美族文化的基礎。池塘（Lakaw）設計得好，代表家族欣欣向榮，如果池塘和巴拉告做得不合理法，代表家族欠缺紀律。

捕魚是重要的環境教育活動，如果漁獲量太少，族中耆宿會告誡子孫，説因為工作不夠勤奮，才會招致減產，甚至藉以警告適婚男子會「嫁」不出去；如果漁獲量多，則訓誡子孫愛物惜物，不可以浪費。這種崇敬自然的部落價值，就在巴拉告捕魚活動中一代一代地傳遞下去，形成阿美族特殊的捕魚文化。

登上馬錫山遠眺

除了家族的魚塘之外，阿美族人運用石頭攔截水流，種植西洋菜、水芹菜等水生植物。這裡的水質清澈，不像是花蓮其他地方地下水可能有大理石殘屑的污染。

由於湧泉是族人的生命之泉，馬太鞍部落的祖先登上鐵杉原始林的馬錫山前，經常要到此處飲水解渴，當年輕人聆聽族中耆宿講授部落歷史後，馬太鞍的年輕人必須從部落來到馬錫山山腳的湧泉處，挑泉水回去答謝耆宿，以表達敬老尊賢的具體行動。

我在登上馬錫山前，特別到環山湧泉（Sa'tack）觀察泉眼。今年因為太久沒有下雨，芙登溪的水位降低，環山湧泉泉眼已經被人加設塑膠涵管。

「這和五年前不太一樣。」我想到二〇〇二年環山湧泉設置泉眼時，一切都還是很原始。遠眺遠方的嘉羅蘭山，環山丘陵生長的檳榔，顯得和原始鐵杉林的格格不入。九十四公頃的馬太鞍濕地，從兩側的山翼切進谷地，在豔陽高照下顯得特別鮮豔欲滴，在山巒闊野間，阡陌整齊的稻田、荷花池、菱角田和魚池交錯，形成水鄉澤國的生態景緻。

回頭仰望西側的馬錫山，山形近似富士山，因此日本人特別認為這裡近似「大和」，而冒出上大和的名稱，日本人對大和的命名，未必不是出自於內心對於聖山的深沈感動。而蜿蜒流過馬太鞍濕地的芙登溪，就是源自於馬錫山麓。

我研究馬太鞍濕地的生物，這裡有一百多種水生植物，如粉綠狐尾藻、台灣萍蓬草、滿江紅、馬藻、菊藻、圓葉節節菜等，有部分水生植物是從桃園的埤塘濕地引進。七十多種蜻蜓與豆娘，如圓痣春蜓、雙角春蜓、天王弓蜓、海神弓蜓、粗腰蜻蜓、橙斑蜻蜓、善變蜻蜓等；還有本地昆蟲避之唯恐不及的食蟲虻，都是我攝影的最佳練習題材。此外，鳥類如紅冠水雞、白腹秧雞、環頸雉、栗小鷺、黃小鷺也都是濕地的物種。

尊重土地倫理

今天的馬太鞍，儘管是花蓮最大的阿美族部落，但是因為受到年輕人外流的因素，導致阿美族人口銳減到三成。人口結構的改變，造成人為環境快速的變遷。目前過度發展的人為設施，例如橫跨濕地的木棧道、芙登溪堤防、道路及停車場，意味這個地區已經成為觀察生態旅遊活動的熱門地點，過多的旅遊活動，會造成經濟收益不均與生態保育何去何從的問題。

在馬太鞍濕地，百分之八十的土地都是屬於私人土地，但是因為傳統阿美族人對於生態道德的意識，許多土地利用都是採用低密度開發的模式進行，這要歸功於傳統馬太鞍部落對於土地倫理的尊重。

然而，近幾年來由於濕地旅遊活動導致遊客數量增加，公部門將道路兩邊的溝渠加蓋，造成溝渠中的濕地植物快速消失。此外，濕地中的排水設施，加速濕地的乾旱化；或是築壩攔水，造成溢淹導致巴拉告基礎設施受損的情形，人為不當開發及自然乾旱的問題，這些都是馬太鞍濕地未來需要面對的危機和挑戰。

馬太鞍濕地交通路線圖

資料來源／方偉達　繪圖／余麗嬪

〉蘇花高速公路？

生態金字塔的殺手 02

從一九九四年到二〇〇六年為止，扣除在國外唸書的時間，在環保署工作了將近十年，到過花蓮不下二十餘次。每次乘坐飄搖的飛機，從高空俯瞰花蓮谷地，壯麗的中央山脈從東側的太平洋開始綿亙，貫穿進入台灣的心臟，起點就是天然形成海港的蘇澳。蘇澳從海中拔起，數百萬年來，台灣的火山、斷層、V型峽谷在河川不斷的切割作用下，天然災害不斷擾動這片地殼尚未穩定的區域，我心中對這片起伏的大地充滿著敬畏。

到花蓮，不一定要坐飛機，北迴鐵路、蘇花公路，甚至在二十五年前，坐花蓮輪都是可以的選擇。尤其是北迴鐵路試辦轎車乘載，一輛轎車可以跟著車主「凸」東海岸。但是，由於到花蓮以汽車進行旅遊的有閒階級，畢竟是少數，興建蘇花高速公路，似乎成為花蓮財團及部分民眾多年以來，對於打開後山大門的渴望。

從朝陽國家步道南眺蘇花沿岸，美麗自然的海岸線景觀綿延到花蓮。反對高速公路開鑿人士一致認為，蘇花高將會破壞原始、美麗、生態的後山。
攝影／林錫銘（聯合報）

門戶洞開，好嗎？

任何讀過道路生態學的人都知道，公路興建後，毫無例外的，人為活動的干擾，註定會在大地上永留烙印。高速公路會造成什麼問題呢？首先公路造成的隔絕效果，形成鄰近地區生物的負擔。在德國巴伐利亞的森林地帶，我目睹到野豬跑到高速公路上，被大小車輛連環追撞的慘劇。

依據國外針對交通建設對生態環境影響的研究顯示，公路影響主要發生在當地的生態環境之上，會造成一些不良的影響，我們可以用圖一來說明。

圖一顯示道路網絡造成生物多樣性減少的主要原因，在於棲地快速的消失，

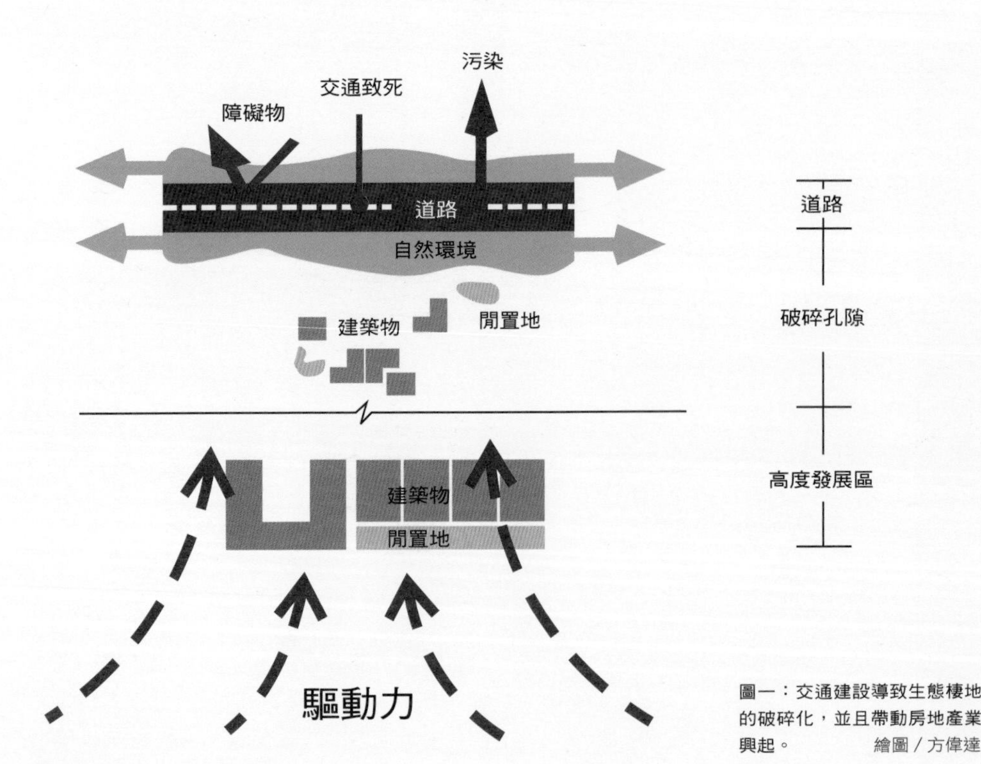

圖一：交通建設導致生態棲地的破碎化，並且帶動房地產業興起。 繪圖／方偉達

並且吸引沿線大量興建的房舍，威脅到野生動物的活動範圍。因此，棲地消失是交通建設中無法避免的後果。高速公路和鐵路的建設，不但侵占了動植物棲地，隨之而來的障礙效應及切割效應的影響範圍更是深遠。

道路造成不同景觀破碎化的程度，以及景觀破碎化的生態衝擊，依據當地環境、物種和道路的特性而決定。我們檢查棲地被破壞的區域，都集中在棲地被穿越的道路附近。高速公路車速快，當春秋求偶季節來臨時，尤其是大陸國家，動物基於尋找繁殖伴侶的需要，在跨越及離開棲息地時，常慘遭不測，所以，動物

障礙效應

障礙效應是大部分動物遭遇到的問題，高速公路會限制了動物的活動範圍，這一種干擾現象，會造成遭切割棲地上的動物族群遭到了孤立，高速公路會阻斷動物的移動路徑，造成動物穿越時傷亡，形成物種基因庫沒有辦法交流的現象。

切割效應

切割效應是針對廊道效應來說的，依據現場考察高速公路的經驗，沿著高速公路而形成的道路邊坡，也許能帶來正面的效應，但是也有負面的影響。如果原來的棲息地早已遭受外界的影響而改變，棲地的多樣性就會變低；但是邊坡綠化帶的植被，可以帶來正面的棲地連結效果（即切割效應小於廊道效應），形成物種穿越的廊道。

相反的，當原生棲息地已經存在完整的景觀多樣性時，邊坡種植外來種植物，很有可能會破壞原來棲地的生態系統，甚至對本地物種產生排斥現象，造成不好的棲地切割效果（切割效應大於廊道效應）。

台灣藍鵲　攝影／張珮文

的生存機率下降。

我也曾經在美國北卡羅萊納州，沿著高速公路路段，看到短短五十公里，數以百計的浣熊、松鼠及其他小型哺乳動物因為穿越馬路，慘遭壓死。其實在台灣，陽明山國家公園十年內在公路上蒐集到九〇〇〇隻生物的屍體，可見公路對於生物的殺傷力。過去，曾有立法委員提議興建南橫高速公路，穿越大武山保留區，政府單位運用文化資產保存法，終於攔截下這個提案，因為專家們擔心，或許哪天消失的雲豹突然出現，但是被發現的最後雲豹，卻慘死在高速公路的車輪下。

如果你是沿線的動物…

蘇花高速公路北起蘇澳，南到花蓮吉安，可能影響範圍非常廣。初步的調查報告顯示，哺乳動物有八種，鳥類有八十五種，兩棲類有三十種，昆蟲類有一六二種。

看看比較特殊而且列入法律保護的物種吧，像是台灣獼猴。鳥類中的游隼和朱鸝，屬於瀕臨絕種類保育生物；珍貴稀有鳥類更多了，包括鳳頭蒼鷹、台灣松雀鷹、大冠鷲、紅隼、領角鴞、黃嘴角鴞、環頸雉、翠翼鳩、台灣藍鵲、畫眉、八色鳥等十一種。這份名單中，大多數是生態金字塔頂層的鷹鷲科物種名單，可以想見這裡兩棲類及小型哺乳動物生物量的豐富程度。

在兩生爬蟲類方面，珍貴稀有的有八種，包括食蛇龜、褐樹蛙、莫氏樹蛙、貢德氏赤蛙、龜殼花、雨傘節、眼鏡蛇和台灣草蜥。這份名單可以說是中央山脈所擁有豐沛物種資源的縮影。

我無法想像如果蘇花高速公路通車以後，會有多少物種喪命車輪底下，然而針對道路生態學的環境評估，目前為止在台灣，並不完備，因為現有的高速公路，還沒有穿越中央山脈的經驗，只有通過雪山山脈的經驗。

雪山隧道：每公里造價十六億元

從地圖上來看，當北宜高速公路從台北盆地貫穿過雪山山脈，讓台北盆地的車輛能夠暢行無阻，順利通到宜蘭。北宜高速公路從台北經過五十七個隧道，在非尖峰時間只要五十分鐘，可以到達蘭陽平原。北宜高速公路經過六個主要斷層，九十八處地質剪裂破碎地帶。

「接下來就是中央山脈東緣了。」

我能夠想像執政者從蘇澳要通往花蓮的決心。但是這回不同，比起北宜高速公路，打通蘇花高速公路想要貫穿的中央山脈東緣路線，直線距離就是北宜高速公路的三倍。尤其雪山山脈等雨線從二八〇〇公釐到三二〇〇公釐，但是中央山脈東緣因為雨量可以高達四八〇〇公釐，年降雨量平均為四〇〇〇公釐，平均降雨量在台灣居冠。這裡因為水源豐沛，地下水含量高，當水源從中央山脈東麓經過無數年月累積之後，匯入到蘭陽平原時，形成蘇澳冷泉。打通中央山脈東緣，意味著蘭陽平原溪流逕流量及水源來源減少的可能。

「這麼長的雨季，就不是大筆工程經費所能解決的問題了。而漫長的施工期間，所導致水脈截斷，水質汙染問題，更是道路生態學者關切的議題。」我能想像蘇澳鎮長對於蘇花高速公路興建，對於蘇澳冷泉影響的擔憂和抨擊。

一九九四年開始，我研究翡翠水庫的水質，十年來水質已經從TSI指標值三〇推向五〇，這和當地道路開發及茶園遍布的情形有關。我站在翡翠水庫取水口的北勢溪旁的觀音台上，朝向雪山隧道瞭望。川流不息的車輛，在多雲霧的春夏，玻璃反光格外耀眼。

坪林交流道不但剛好座落在北勢溪的取水口，而且朝向台北盆地，當年雪山山脈的水脈不斷湧出地下水。在興建雪山隧道的時候，因為湧水和崩塌的問題，曾經湧水每秒達到七五〇公升，隧道形成洩洪道，政府砸下二〇六億工程經費解決雪山隧道，雪山隧道平均每公里造價高達新台幣十六億元。

北宜公路通車後，坪林變得格外寂寥，只有假日才稍微引來人潮，而在這時，我和台大醫學院任教的大哥方偉宏博士特別喜歡到坪林採集水蠆的蟬蛻殼，

清明節連續假日首日，北宜高南下車輛在雪山隧道前大排長龍。
攝影／林錫銘（聯合報）

生態金字塔

生態金字塔係指各個營養階層之間的數量關係，在生態系統中呈現金字塔形，這個形狀由食物鏈的關係形成生物界的依存狀態。生態金字塔從水文土壤開始，經由生產者、消費者和分解者而達到生態平衡迴路。分解者又稱土壤中微生物，是以細菌、菌類等依賴死亡生物為食物的細微生物，它們的角色是將生物屍體分解還原成土壤。生產者可區分為水域的生產者及陸域的生產者，水域生產者以綠色浮游植物的量最多，陸域生產者是位居分解者之上的植物。其次是草食消費者，包含自綠色植物吸取食物為生的生物（如草食性昆蟲等），而依靠第一級消費者為生的稱為第二級消費者（如肉食性昆蟲等）。

中央山脈北麓自蘭陽平原起，為太平洋和島嶼接合的地表邊緣，具有豐富的水陸域生物，如水生昆蟲(如搖蚊、水蠆、介型蟲等水棲昆蟲）；蜻蛉（琵蟌、細蟌、春蜓、蜻蜓等）；蝶類（灰蝶、蛺蝶）；兩棲類（龜、蜥蜴、蛙類）；鳥類（鷗科、鷺科、鴴科、鷸科、燕科、鳩科及鷹鷲科等），處在金字塔頂端的生物量最少，形成一個底寬上窄的生態金字塔。近年來，燕鴴、小燕鷗及刺鼠在本區逐漸消失，值得警惕。

值得一提的是本區擁有生態金字塔頂端的受脅鳥種，包括游隼、紅隼、大冠鷲、鳳頭蒼鷹、台灣松雀鷹等。上述鳥類必須依賴鳥類、鼠類等動物為生，因台灣都市自然條件求之不易，因此其生存空間反而更加脆弱，屬於脆弱的高級猛禽。加上台灣近年來由於自然棲地減少與農藥毒害，使得海岸地帶鼠、兔、蛇、鳥類等來源減少，造成猛禽類數量減少。

在環境變異上，道路興建也是主要因素。由於東部公路依序開發，截斷兩棲、爬蟲類的遷移路徑，切斷成兩組小型「生態金字塔」的聯繫空間，猛禽類所賴以為生的蛇、蜥蜴、小型哺乳動物，被公路分隔而減少遷徙及求偶繁殖機會，造成基因庫無法交流，導致物種數量減少，從而危害其生存。因此，本區肩負起完整性生態體系的艱鉅功能，以保全食物鏈上金字塔型基盤的生物棲地為主。唯有確保基盤生態環境健全，方能使高級的生物有豐富的食物基礎，才能促進生物的多樣化環境。

因為溪流隨著旅遊人潮的減少，格外的乾淨，經常都在採集水蠆殼時，沒有傷到任何生物，只是採集它們羽化後脫下來的衣裳，然後巧遇台灣藍鵲和鉛色水鶇的驚喜。在雪山山麓上，台灣藍鵲在樹上築巢，橫越溪流時，那一抹耀眼的藍羽紅喙，讓人驚豔。

離開坪林，雪山隧道的行車速限，讓人幽閉恐懼，台灣高速公路時速約為一百公里，但是到了雪山隧道，時速限制到七十公里，如果碰到塞車，駕駛速度連一半都不到，可能要花二十分鐘開完十二公里。蘇花高速公路全線隧道佔了百分之四十七，長長的隧道集中在蘇澳到花蓮的南澳和崇德地區，最長隧道超過十公里，可以想見，將會集幽閉恐懼的大全吧。

在蘇花公路上

方偉宏教授多次到花蓮的馬太鞍濕地採集水蠆羽化後的水蠆殼，從北宜高速公路經過蘇花公路到達花蓮馬太鞍濕地，在台北從上午七點出發，十一點到達馬太鞍濕地。他告訴我說，今年（二〇〇七）因為花蓮雨量不夠充沛，水蠆及蜻蜓這些指標物種，今年在花蓮，相對來說比起去年數量減少許多。

我則是最近選擇從蘇花公路經過南方澳、東澳、南澳到達和平，考察中央山脈東緣的谷地，從蘇澳經過朝陽，谷地中的鷺鷥成群，形成一片美麗的鄉村谷地景觀。攀爬到朝陽社區國家步道，遠方的漁港和初夏雨後的午后，形成一片朦朧

鵂鶹　攝影／張珮文

的海景，這是蘇花公路沿線特有的景觀，也只有細心體會蘇花公路支線的山巒起伏，自然形成特殊的旅遊景點，用心品嚐，才能體會蘇花公路特有的風情。

也許，先進國家碰到高速公路的開發，會事先考慮到生態的議題吧。針對花蓮交通的不便，北迴鐵路即將考慮改建成寬軌，甚至進行沿線的拓寬工程，以容納更多的旅遊及返鄉人口。如果到了花蓮，可以興建輕軌以及電車，形成觀光型的便捷交通路線。這樣，是不是可以説服花蓮人不要要求政府，在中央山脈東緣興建穿腸破肚的蘇花高呢？

我用心祈禱，我們不要再欺負中央山脈了，請執政者多多考慮高聳插天的中央山脈，在台灣「生態金字塔」的重要性吧！

蘇花高速公路預定路線圖

資料來源／方偉達　繪圖／余麗嬪

關渡濕地：尋訪台北大湖的遺跡

03

二〇〇二年夏天，我剛從貝里斯外海的葫蘆島調查紅樹林回到台灣。暌違多年的故鄉台北，經過二〇〇〇年的象神風災、二〇〇一年的納莉風災肆虐後，造成基隆河沿岸空前的浩劫，例如台北市區地勢較為低窪的地區，都淹沒在洪水中。從美國網路上看到基隆河兩岸洪水淹過堤防，從汐止以下向低窪地區蔓延，尤其是納莉颱風造成的淹水趨勢範圍，多年來一直是我回國後研究濕地的主題。這個淹水的範圍，像是什麼？康熙台北湖嗎？

高蹺鴴：主要族群集中在南台灣的濕地，數年前關渡出現數對高蹺鴴繁殖成功，而後每年都有繁殖記錄，成為關渡濕地的常客。
攝影／曾雲龍

從關渡宮俯瞰關渡濕地
攝影／方偉達

康熙台北湖真的存在過嗎？

在二〇〇七年四月號《人本教育札記》，我曾經提到浙江人郁永河於一六九七年（清康熙三十六年）的記載：「由淡水港入。前望兩山夾峙處，曰甘答門，水道甚隘，入門，水忽廣，漶為大湖，渺無涯涘。行十許里，有茅廬凡二十間，皆依山面湖，在茂草中⋯麻少翁等三社，緣溪而居。甲戌四月，地動不休，番人怖恐，相率徙去，俄陷為巨浸。」

當年郁永河沿著淡水河口往上行船十公里，就是關渡（甘答門）。從關渡沿著「大湖」北路行船，可以看到位於現在士林的麻少翁社，而台北大湖南路的部分遺跡，就是從關渡到汐止，以及沿著台北市中山區向西延伸，橫跨淡水河到三重、蘆洲和新莊部分低窪地區。這些低窪地區形成台北大湖的新月形狀，而在今天的江子翠（江子嘴）的地方納入大漢溪和新店溪。

康熙台北湖存在與否，在學界曾激起了討論的熱潮。一般學者同意康熙年間存在著台北大湖，但爭議著面積究竟多大。郁永河當年來台灣採硫，描述的康

關渡濕地的位置，包括關渡自然公園和關渡自然保留區。
繪圖／方偉達

熙台北湖的形成原因非常恐怖：一六九四年（康熙三十三年）發生七級地震後，之後大小餘震不斷，台北盆地的土壤受到液化的影響，突然陷落在海平面以下，由於海水入侵，形成深度達三到十公尺，面積由學者們估算從三十平方公里到一百五十平方公里的「台北鹹水湖」。這種山崩地裂，令人難以想像。然而當年的地震資料，只有郁永河在大地震三年後的二手資料描述，無法從其他清朝官方的文書獲得佐證。

學者翁佳音對於台北湖的存在，抱著懷疑的態度。他認為，一七〇八年（康熙四十七年）已經有先民在萬華東園地區開墾成水田，認為康熙台北湖應該只是存在於社子島一帶。他認為只憑一七一七年（康熙五十六年）周鍾瑄撰寫的《諸羅縣志》卷頭所附的《山川總圖》中，畫上康熙台北湖那一片廣袤的水域位置，作為佐證是不夠的。

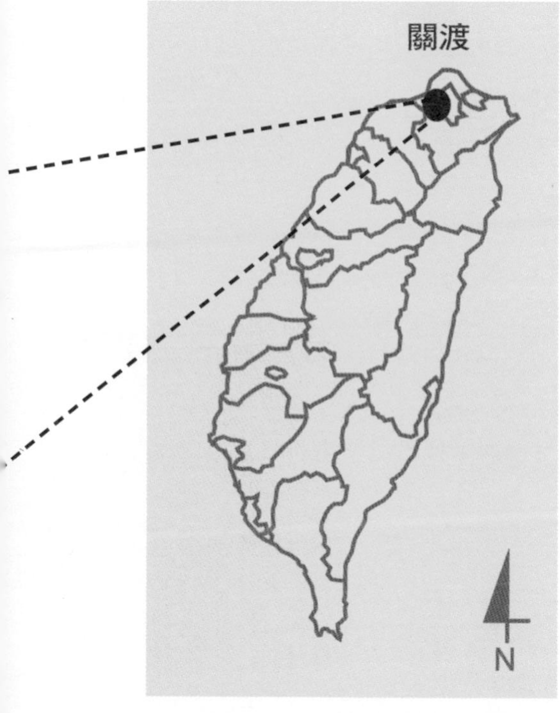

如果有湖，範圍究竟多大？

當我看到《山川總圖》的範圍，北到關渡，南沿著台北市基隆河河岸的位置，向東延伸到汐止，而整個淡水河中段是淹沒在台北大湖中，只有關渡以下還看得到淡水河的範圍。

這張「山川總圖」，讓我聯想到水利署的「納莉風災淹水趨勢圖」。

翁佳音懷疑：在鹹水湖中，怎麼可以耕作？從一七〇九年（康熙四十八年）從福建泉州來的外省人戴伯歧、陳逢春、賴永和和陳天章等人以「陳賴章」為墾號，正式向凱達格

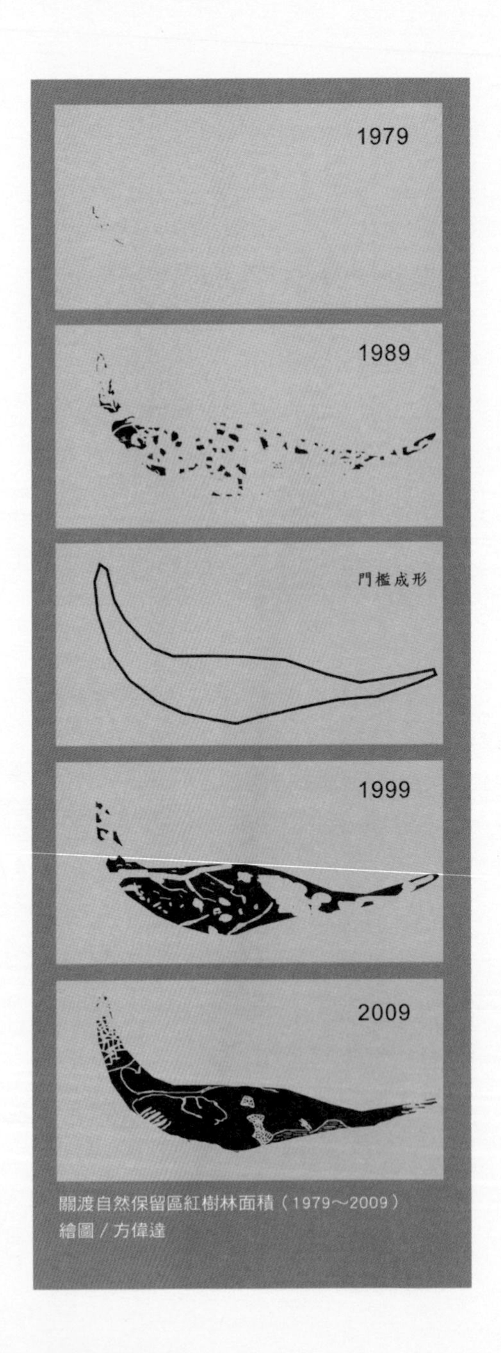

關渡自然保留區紅樹林面積（1979～2009）
繪圖／方偉達

蘭族人訂契約開墾大佳臘（萬華）所在的台北盆地，進行移民式耕作。我們可以知道，當時台北湖應該沒有淹到凱達格蘭人的大浪泵社（大同區）和秀朗社（中和、永和等地），也就是台北湖應該不存在於這些地區。他們還申請開墾淡水港荒埔和北麻少翁社等地。這些地區包括關渡口以西和士林平原以東的地方。那麼，這個鹹水湖的範圍，應該只侷限於基隆河和現今的淡水河中段兩岸的地區，東到松山（古麻里折口（貓裡錫口）社，Malotsigauan）和汐止，西到五股、蘆洲，北到關渡，南到江子翠（古武嘮灣社，Pinorouwan），台北市的大同區、萬華區、大安區等地，應該都不算是台北湖的範圍。

然而，現在這些地區因為政府興建了防洪設施，很多地方已經不再淹水。從台北湖的遺跡看來，目前關渡地區雖然沒有當年「淴為大湖，渺無涯涘」的現象；但是為了要體會當年先民在台北湖畔生活的感受，我申請進入到關渡濕地進行實地了解。

和濕地孤寂共處

關渡為什麼叫做關渡呢？這地名是從平埔族凱達格蘭族地名（Kantou）而來的，在一六二八年（明崇禎元年）西班牙人統治北台灣時期，稱這個地方為Casidor。後來漢人文獻中甘答、干豆、干荳、肩脰、墘竇、官渡等，都是沿用這個發音，到了一七四七年（清乾隆十二年）范咸撰寫《重修臺灣府志》時，才有「關渡」這個地名。

從關渡宮俯瞰關渡濕地到進入到關渡濕地進行體驗，是完全不一樣的感受。我記得經常陷在關渡自然公園濕地泥濘中，費了很大的氣力，才能將兩腿拔出。然而，躲在中央渠道深及一人高的蘆葦叢中，向北仰望大屯山和東方的北投焚化爐。我能感受到一種身處台北荒野（Taipei Wildness）的欣喜感，這是濕地學者喜歡自我放逐在荒野的孤僻特質嗎？我不知道，然而身歷其境，對湖泊遺跡確實會形成較深刻的領悟。

在那一年，我研究了十幾個濕地，從美國佛羅里達大濕地國家公園、德州海濱濕地到貝里斯紅樹林保護區，有時放棄獨木舟，而穿著俗稱青蛙裝的沼澤衣下水。我和許多科學家談過，他們習慣聞著沼澤散發出阿摩尼亞的沼氣，喜歡浸泡在水中的冰涼感覺，以消除在實驗室寫不出報告的倦怠感。還有，在沼澤中累了就仰望穹蒼，有一種和大自然的孤寂共處的感覺。

然而，在紅樹林中做研究就沒有那麼幸運了。在來到關渡濕地之前，我剛結束貝里斯的研究。那是一場恐怖的經驗，在貝里斯小島的暑假，經常是白天和紅樹林中的紅螞蟻，夜裡和蚊子搏鬥的冒險經驗。攝氏四十二度的大太陽下，我鑽進一個人高的侏儒紅樹林（Dwarf Mangrove）中，一株一株數著株數，被盤根錯節地枝幹刺得傷痕累累。長達月餘的日子中，渴了就喝過濾雨水。空閒的時候，我躺在搖籃中，望著遠方大海，閱讀卡森（Rachel Carson, 1907～1964）的《海之濱》。

在那一年中，從國外的濕地帶回豐碩的研究成果，回到台北故鄉的關渡濕地。我一個人靜靜地站在廣袤的濕地中，這裡的海拔和海平面一樣，甚至有的濕地水域，位置還低於海平面。

關渡紅樹林成長的極限

從一七五種植物屬性來劃分，關渡濕地的優勢植物包含蘆葦、茳茳鹹草，甚至南方存在著廣袤的水筆仔紅樹林區。望著波濤不驚的水澤，我享受到「蒼茫大地，誰主浮沈」的味道。這一種野外調查的經驗，讓我暫時離開台北學界的喧囂，也試圖逃離「康熙台北湖在哪裡」激烈的爭辯。我在關渡濕地中，頭頂烈日，腳踩在夏日泥濘裡，輕鬆自在，可以仔細思考我所處在的康熙台北湖位置。

我和台北市野鳥學會何一先冒著溽暑，將關渡濕地植被圖畫了下來。我曾經想過用空照圖的方式，探討這個地區濕地植被和水文演替的關係。我們拿到空照圖，透過一筆一筆的勘查紀錄，畫出關渡濕地的植被圖。從研究成果中，我們試圖每隔十年找到一張關渡紅樹林的空照圖。對照三十年來的關渡自然保留區紅樹林變遷現象，我初步了解到這個地方的環境變遷史。看到紅樹林從一九七九年的〇．一七公頃開始增加，到了二〇〇九年已經趨近於飽和，面積約為五十五公

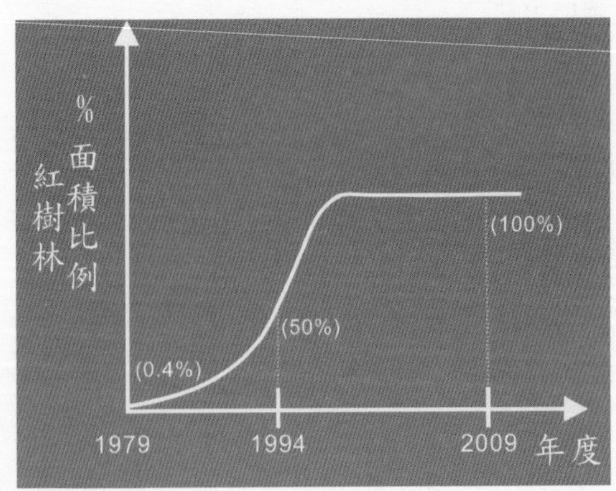

關渡自然保留區紅樹林的成長面積日益趨緩

繪圖／方偉達

花嘴鴨，原是冬候鳥的鴨科鳥類，二十多年前先是在花東地區落腳成為留鳥，族群逐漸擴散至宜蘭、台北淡水河流域，現已成為關渡地區的留鳥，族群量約百隻。

攝影／何一先

頃。而當地濕地最著名的茳茳鹹草面積，卻從一九七九年的一〇．六公頃，急遽降低，並在十年間消失。此外，佔地一〇公頃以上的蘆葦地及泥灘地則越來越少。

這一片廣闊的紅樹林區，期間雖然受到中華星天牛的蟲害，但是紅樹林每年成長的速率，在一九九四年形成高峰，然後雖然因為象神和納莉風災的摧殘，面積縮小，但是這幾年來水筆仔由西向東邊蔓延，並且將原有東南端泥灘地補滿，完全取代了茳茳鹹草地和蘆葦的位置。所有學者都認為紅樹林的增長，是一條向

池鷺，關渡地區不常見的冬候鳥類，身體顏色與環境近似，具有保護色調。　攝影／何一先

上延伸的線性函數關係，意思是隨著時間的增長，紅樹林的面積逐漸擴大。

但是我認為，紅樹林從一九九四年，就已經走過了快速拓展的高峰，而形成了非線性關係的邏輯斯曲線現象。這種曲線不會無限制的向外擴張，而是到了轉折點之後，生長曲線就會持續和緩。然後，擁擠的生長空間，將會形成紅樹林擴張的限制。

紅樹林的成長面積會趨於飽和，不會無限制成長，這些結果可以從這十五年來的空照圖可以得到佐證。

關渡濕地的水鳥不再

從紅樹林探討到鳥類，也是我們研究的焦點。英國學者史溫侯（R. Swinhoe, 1836～1877）在這裡看到了沼澤地帶，看見數以萬計的水鳥漫天飛舞。其中包括了朱鷺和黑面琵鷺。一九七〇年代，布萊克蕭（K. Blackshow）在關渡地區調查到一八四種鳥類。但是到了一九八〇年代，關渡鳥類下降到了一三九種。

黃尾鴝，關渡濕地不僅僅有水禽鳥類，也有不少的陸棲性鳥類，黃尾鴝屬於冬候鳥，身軀嬌小，活潑好動，偏好捕食昆蟲。

攝影／何一先

尤其是一九九〇年台北市政府公告「關渡平原開發計畫報告」，將關渡自然公園的興建併入關渡平原整體開發案後，關渡濕地因為受到人為棄土、開發和整地的干擾，加上堤防外的濕地受到鹽化的影響，原有泥灘地的蘆葦和茳茳鹹草的環境，受到紅樹成林的干擾，也造成了鳥類棲地面積的下降。例如原有燕鴴和濱鷸的數量，在一九九〇年代邁入高峰，但是二〇〇〇年以後，數量急遽減少。在二〇〇三年之後，因為水池開挖，小水鴨成為關渡自然公園冬季經常來訪的族群。其他鳥類因為棲地水池開挖，雁鴨科常見的有小水鴨和花嘴鴨，而關渡自然公園進行棲地復育之後，較為著名的復育物種有高蹺鴴和池鷺等水鳥。

從漢人以「陳賴章」為墾號，在台北盆地進行初期開墾後，台北盆地不斷進行整地開發，台北人似乎已經習慣了都市化的環境，只有到了夏秋颱風季節，才能偶而體會到康熙台北湖的淹水滋味。然而，淹水似乎是台北盆地的宿命，一九六四年葛樂禮颱風造成大水淹台之後，政府在關渡獅頭開挖炸山，關渡峽雖然大幅拓寬，卻造成蘆洲、五股一帶經常淹水；一九九〇年代經過基隆河截彎取直之後，雖然形成了許多都市土地，卻也造成汐止地區淹水，直到員山仔分洪道建好後，汐止才不再淹水。如今台北市政府規劃進行關渡地區的開發，計劃先從興建高堤開始做起。

今年我們以漢人入台開墾的心態慶祝台北盆地開發三〇〇年，是否需要強調人定勝天，與水爭地，來興建更多的城市易淹水的空間？面對虛無縹緲的台北湖遺跡，我們必須更小心謹慎，來面對二十一世紀海平面即將上升的水淹大台北盆地的趨勢。

關渡自然公園交通路線圖

資料來源／方偉達　繪圖／余麗嬪

〉人文歷史健忘的淡水河

悲愁・歡戀・預言 04

身為台北人，你不可以不知道淡水河的氾濫與整治，關係著先民的榮衰。

身為台北人，我只能承認，台北人對淡水河的所知有限。

在白先勇的《台北人》，我們看不到一九五〇年代對貫穿台北縣市淡水河的描述。在「台北學」的研究中，也很少看到淡水河的生態地理科學敘述。二〇〇六年在淡水河上乘坐渡輪的夜晚，我和台大建築與城鄉研究所所長夏鑄九教授夜談竟宵，當「藍色公路」渡輪穿越河面漂浮著垃圾的淡水河面，船體機動打起的水花聲，驚起夜裡覓食的小白鷺，小白鷺橫渡遠離的景狀，如今彷彿仍在眼前。

當天受邀的學者，對於淡水河的印象還是太臭，淡水河沿岸的景觀還是太醜，直到夜幕低垂，遙望遠方霓虹燈下台北五彩繽紛的迪化污水處理廠，才留給眾人一絲絲美感，結束了夜航。

NASA在1994年攝製的淡水河入海衛星照相
資料來源 / http://nasaimages.org/

淡水河，歷史告訴我們什麼？

翻開史書，淡水河的記錄早在一六九七年（清康熙三十六年）浙江人郁永河撰寫《裨海紀遊》時，即有清晰生動的描述，那時候的淡水河河面寬闊，彷彿「橫無際涯」的大湖泊。郁永河形容當時的關渡和淡水河：「前望兩山夾峙處，曰甘答門，水道甚隘，入門，水忽廣，漶為大湖，渺無涯涘。」夜航淡水河時，我想像康熙年間，淡水河是否因為漲起將社子島淹沒，而有「渺無涯涘」的湖泊印象！

也許，有的學者認為郁永河正是描寫康熙台北湖，因為地震陷落，導致大湖嘛，但是康熙台北湖只是一種想像，因為缺乏地理證據，我很難想像康熙台北大湖，到雍正乾隆消失的無蹤無影，這湖泊也乾涸得太快了吧。

在淡水河悠久的一葦歷史下，台灣缺乏像是黃仁宇「大歷史觀」的史學家，可以綜觀古今、旁徵博引，娓娓道來淡水河的悠悠歷史；也缺乏類似《槍炮、病菌與鋼鐵》、《大崩壞》作者賈德．戴蒙般的科學家，能夠以精密的數據和人文關懷的口吻，告訴我們淡水河發生什麼樣的過去？朝向什麼樣的未來？她的命運如何與台北息息相關？之後，又會帶給大台北都會區六百萬人口什麼樣的命運？

然而，歷年來淡水河的科學研究、設計規劃及污染整治經費，卻是居於全國之冠，相關學者的實驗結果，卻不能說服我，我們很了解淡水河。

風水影響下的河左岸

台灣人相信風水，在傳統風水堪輿學說上，有一種「江右為吉」的理論。什麼叫做「江右為吉」呢？那就是請您站在河川上游，往下游看去，河的右邊即是「江右」，河的左邊，即是「江左」。所以到現在，我們通稱台北縣的八里鄉是「河左岸」，淡水鎮是「河右岸」。「江右為吉」這個理論也許在中國行得通，蒐集全世界和河川有關的都市，分類為座落在江左和江右的城市，結果各居一半，不分軒輊，只有在中國的城市，分布在江右多了一些。

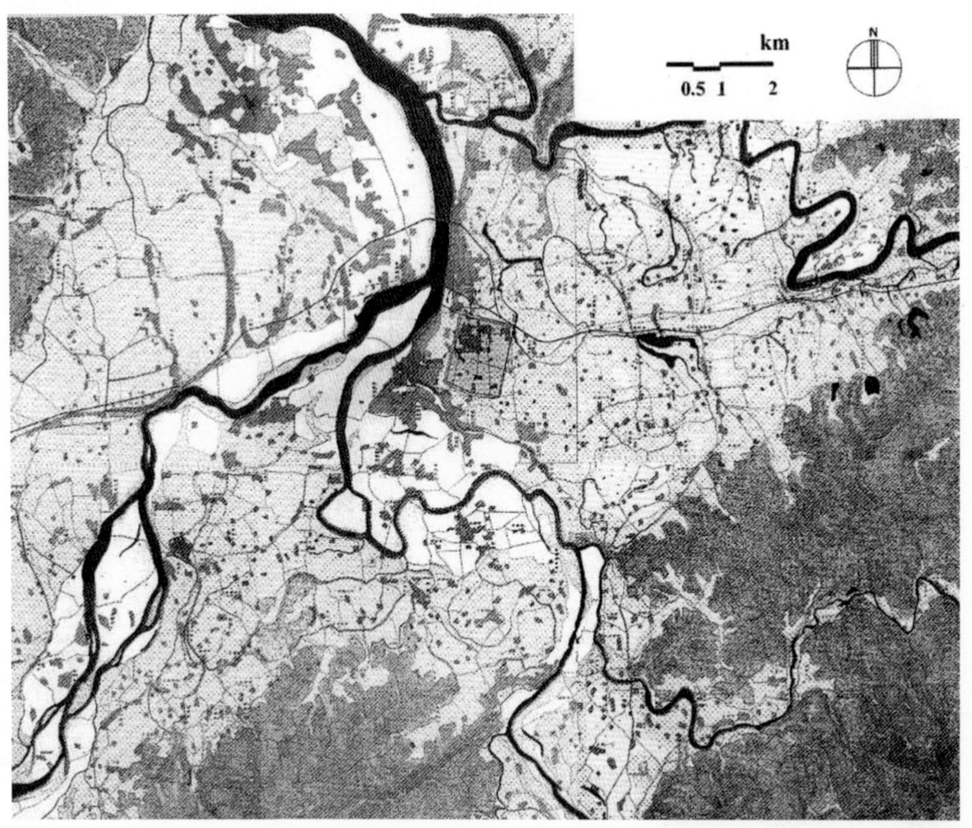

1895年（清光緒二十一年）清末台北盆地地形圖，古大漢溪（左粗線）和新店溪（右粗線）的交會口約在大稻埕以南，也就是忠孝橋附近。引自黃武達編撰《追尋都市史之足跡：臺北近代都市之構成》，頁3-1，台北市文獻委員會印行。

提供／台北市文獻委員會

1911年台北城內泛洪
提供／戶外生活出版公司

日治時代淡水河已築起河堤
提供／戶外生活出版公司

參考湖北教育出版社出版的《中國史前古城》，發現史前古城在江右和江左的數量，並沒有太大的差異。唯一可以說明的是，中國在江右的城市居多，是因為居安思危，古代北方多異族入侵，漢民族居住在長江南岸，喜歡以江險為塹，讓侵略者暫時過不了長江。建城江右是躲避侵略的自然防禦，和風水扯不上關係的。

那麼，淡水河的江右，為什麼會逐漸形成台北都市，而江右台北市的繁榮程度，又遠遠超過江左的台北縣呢？在大歷史的格局來看，江左的台北和江右的台北，無分軒輊，甚至我們可以說，廣義北台灣的城市起源，應該源自於淡水河左岸。

《裨海紀遊》描述郁永河從淡水河口深入到凱達格蘭人所居住的部落，發現在淡水河兩岸居住著三十二個原住民聚落，包括「八里分（坌）社、麻少翁、雷里、麻里折口」等，這些聚落，有在河的右岸，有在河的左岸。後來大陸漢人在清朝解除渡台禁令後，沿著淡水河內渡到台北盆地尋找可以棲身的地方，最早散居在凱達格蘭人原來居住的「八里社」，以及新興的漢人聚落，淡水河支流大漢溪左畔的「興直堡新庄」，這兩處都是在河的左岸。

清朝乾隆年間，淡水河沿岸兩大漢人的聚落，就屬「八里坌」和「興直堡新庄」最大。「八里坌」包括台北縣八里鄉的埤頭、頂罟、舊城、訊塘、荖阡等村；「興直堡新庄」呢？說來很有趣，就是現在台北縣新莊市淡水河沿岸，古時候是淡水河到大漢溪的內陸航運要衝。在淡水河出海口，八里坌在清朝雍正初年形成了漢人的村庄和港埠，是台灣北部的門戶之一；而從外港航行到淡水河內港的集散地，最重要的是位在淡水河上游的興直堡新庄（新莊）。

然而，在淡水河右岸的台北城，要到嘉慶年間才逐漸開始形成鄉街。沿岸的聚落，隨著漢人和凱達格蘭人的族群消長，到了嘉慶年間，因為淡水河淤積及大水災的關係，八里漢人相繼遷居到對岸，淡水河對岸的滬尾（淡水）的商港地位，取代了左岸的八里；到了嘉慶末年，同樣的命運落到新庄（新莊），因為大漢溪河段淤淺，內港重心轉移到了對岸下游大加蚋堡的艋舺（萬華）；到了同治末年，又因為艋舺淤淺，內陸航運中心再度移轉到了下加蚋堡的大稻埕。

淡水河－從河中看大台北　攝影／方偉達

到了今天，台北城的重心已經不再是淡水河畔，自從清朝建城、日本殖民到國民政府統治期間，台北城市的中心逐漸東移，其繁華不再和淡水河航運起了連帶作用。河流只是城市龐大機器下的污水排放輸出帶，偌大光鮮亮麗的台北城外，當古老城鎮在淡水河畔風華不再，我們的史地教育，似乎只停留在一府、二鹿、三艋舺的口號宣傳，遺忘了整座台北的起源，幾乎可以追溯起淡水河左岸的「八里」和「新莊」。

截彎取直的悲劇

淡水河的左岸逐漸為世人遺忘，而右岸開始興起，成為「江右為吉」的典範。台北的「三市街」，包括艋舺、大稻埕到新建的「台北城」，成為鼎足而三的三個街區。這些城市的街區興衰，似乎和淡水河年年氾濫有關。氾濫對於農業部落是好事，像是凱達格蘭族曾經居住的「雷里」，就在艋舺的南方，清朝時稱為加蚋庄，也就是華江橋到華中橋新店溪沿岸的豐腴肥沃的河岸。

對於即將興起的台北商業城，河段泥沙淤積，還可以換一個港，但是碰到颱風來臨的水災，居住在淡水河沿岸的居民卻避之唯恐不及，視為危害性命財產的災難。

洪水改變了淡水河河道的地形，同時改變了台北發展的方向。從一八九九年起，日本人開始進行淡水河河堤護岸工程施工開始，年年洪水沖垮護岸，成為日本工程技師心中的痛。日本人改採混凝土施工，建造新的堤防，情況才有改善。後來國民政府入主台北，混凝土堤防越建越高，我們逐漸將氾濫危險的淡水河排除到日常生活以外。

一九八〇年，淡水河的支流基隆河還是緩緩蜿蜒流動的美麗河川，但是一瞬之間，河流被堤防阻絕在大直社區之外，接著內湖河段截彎取直，淡水河蜿蜒的主支流，就在經濟起飛的一九八〇年消失於視野中。自此，從市中心遠眺城外，可以看到山巒起伏，但是看不到河川。

百年洪泛會再來嗎？

這幾年研究河川時，發現淡水河架高的堤防是萬不得已的作為。以台北市的發源地萬華為例，萬華在日據時代之前的名稱為艋舺，殖民政府在一九二〇年廢掉艋舺、大稻埕、大龍峒三區，設置台北市，並且將艋舺改名為萬華。萬華的沒落，和泥沙淤積和洪水氾濫有關。

舉例來說，在一八九七年八月八日的暴風雨，是上天送給日本殖民政府的第一個禮物，這次的洪水造成台北淡水河大橋沖毀。一九一一年八月三十日「辛亥水災」，對於台北人民則是家破人亡的集體記憶。當我看到當年淡水河沿岸居民死傷描述的慘狀，不禁黯然。日本人成田武司編了一本《辛亥文月臺都風水害寫真帖》，說明當時的狀況，包括淡水河水位高漲三丈，台北全塌房屋二六七二戶，半塌三二八三戶，浸水三萬戶，以當時八萬人口來說，可以說颱風過後，家家戶戶都浸泡在水裡。

淡水河會氾濫，原因是泥沙淤積。當颱風季節來臨的時候，山區降雨太多，大量泥沙沖到河中，導致河川一下子沒有辦法容納河水通過，就會向兩岸氾濫。為了了解淡水河，隨著台北市野鳥學會進行淡水河鳥類調查，我們經過核准研究台北市野雁保護區，和鳥會研究人員何一先徒步進入了河道中間的沙洲。這塊華江橋下游沙洲，在二〇〇〇年的時候，還是隨著潮水淹沒在水線下，但是現在已經形成長度一．七公里的浮覆地，也就是說沙洲已經陸化，形成陸生植物帶。

我一筆一筆採計該沙洲的土壤硬度，發現平均沙洲的硬度約為六．五，沙洲上長出五節芒、大花咸豐草及蘆竹、構樹、桑樹等陸生先驅植物，外圍則是茳茳鹹草等濕地植物。

鳥會的駐站人員抱怨說，沙洲形成造成視覺上的干擾，讓小水鴨越來越少。我的研究結果卻是沙洲造成水鳥的多樣性減少，陸鳥的多樣性增加。淡水河因為歷史成因，導致週期性淤積，將來會漸漸成為「河川返祖」的狀態。我也擔心因為週期性百年洪災的來臨，形成日治時代台北洪災現象。如果洪水來臨，一號到三號水門沒有關緊，將會造成台北縣市淡水河暴漲淹水。

我的推論其實很簡單，依據一八九五年（清光緒二十一年）清末台北盆地地形圖（見第39頁）和一八九七年（明治三十年）東京下倉鎬表出版的《臺北大稻埕艋舺平面圖》，沿艋舺地區的淡水河，有一塊自枋橋（板橋）延伸向北半島型的沖積沙洲，此一沙洲半島向北延伸，頂點約到台北城外的機械局的緯度（大約是今日的忠孝橋的緯度位置），這一塊陸地的面積相當大，長約二．三公里，寬約一公里。也就是說當年淡水河分岔的起點，大約是大稻埕的位置，大稻埕以南，屬於新店溪和大漢溪的範圍。

說得明白一點，當年的萬華屬於新店溪右岸的聚落，新店溪流到大稻埕，才是新店溪、大漢溪的匯流處。經過一八九七年到一九一一年的大洪水，這塊半島沙洲已經被沖斷成為河中沙洲，位置在今天的忠孝橋和中興橋中間。然而，經過河流的堆積作用，這幾年華江橋的懸浮固體在十三年間增加五倍，中興橋和華江橋中間新成形的沙洲面積越來越大，形成「忠孝橋與中興橋」、「中興橋與華江橋」中間的兩座沙洲。

也就是說，這些沙洲堵塞成陸島情形，和清朝末年的沙洲半島情形非常類似。河川淤積的泥沙，有可能邁向過去的陸化形態嗎？颱風造成的洪水，會再度沖散沙洲嗎？如果洪水因為沙洲堵塞，形成滾滾江水，浪淘護岸而形成都市洪流，有可能百年大洪「辛亥水災」將要重演嗎？

圖左／華江橋和中興橋中間1.7公里的陸化沙洲
攝影／方偉達

圖右／淡水河泥沙淤積量驚人
攝影／方偉達

科學家不是上帝，不能預測「明天過後」式的未來，當百年洪泛來臨前，淡水河沿岸的居民需要祈禱一到三號水門趕快關閉，因為經驗告訴我們，淡水河氾濫時似乎離壩頂還有距離，暫時不會淹過堤頂，當「兩岸堤防擋得住」時，也許「洪水已過萬重山」，直接一瀉入海了吧。

淡水河左岸浪漫的八里　攝影／方偉達

「上善若水」的智慧

有時候，我也不是那麼憂國憂民，相反的，我很欣賞時人悠閒在左岸賞玩的樂趣。在八里左岸和中興橋頭研究的樂趣不同，在八里騎著協力車，徜徉在春天微醺的和風下；沿著蜿蜒的腳踏車道，穿越過假日的人潮，從渡船頭騎到十三行博物館，靜靜欣賞凱達格蘭人的祖先興建南島干欄屋的技術，我猜想這種四腳懸空的竹木造房屋，主要是為了要避免瘴氣和淹水吧。從渡船頭騎到南邊的關渡大橋中途，也會選擇水芙蓉這家餐廳小憩，除了欣賞老闆的畫作，另外就是待在干欄樹屋的二樓，欣賞淡水河左岸的風光。

我想，也許台北原住民怕淹水吧，史前在圓山和芝山岩居住的部落才會選擇那麼高的小山丘居住，部落和部落之間聯繫，在台北大湖中划划獨木舟可以到達；那麼當全球氣溫上升，海水倒灌，台北湖再現呢？居民如何進行交通呢？該不會都是高架式捷運吧？至於居住方面，未來台北盆地湖畔居住的子子孫孫，可以學習荷蘭人居住新式的船屋，浮在水面上吧。

我喝著咖啡，吃著蜂蜜鬆餅，暫時不去想未來的問題。遠方的漁船掩映著淡水暮色，河畔依偎著雙兩情人，這就是淡水河讓人愛戀的浪漫與愁緒吧。也許，淡水河口根本不需要堤防，堵住台北人欣賞淡水暮色的殷殷企盼。因為八里曾經被洪水沖垮過，八里鄉的公路路基，比沿岸自行車道高出一層樓，我在八里這座古城左岸，也看不到視覺上圍堵洪水的水泥堤岸。當遠方孩童傳來的嬉鬧聲，將我從「大歷史」的角度中喚醒，我看到孩童喜愛淡水河左岸的歡愉。

至於洪水，幾十年不過一回吧，我祈禱台灣出現大禹般的人物，用疏導代替圍堵，那些淤積的污泥，是不是該挖了？不管是「治水」還是「治國」。「上善若水」，我從淡水河經驗學到融通的智慧。

淡水河藍色公路交通路線圖

資料來源／方偉達　繪圖／余麗嬪

〉土城彈藥庫生態遠景發想

重關土城的後花園

05

二〇〇七年在專業者都市改革組織（OURS）碰到廖崇賢，他告訴我，在台北縣土城靠近土城捷運站，有一個軍方廢棄的彈藥庫，這個地方因為曾經屬於國防部的土地，管制了五十三年，生態非常豐富，他邀請我到這裡來進行調查。

當時，我沒有想到土城彈藥庫竟然是廖崇賢的家。在這個軍方佔有土地不到一半的地區，原來都是民居，後來軍方徵收，成為軍事據點。在這一年中，我搭乘捷運來到土城，探訪面積高達九十六公頃的土地，發現蛙類十七種，蝶類四十七種，鳥類四十二種。我想，這些生態數據枯燥乏味，只能吸引學者進行探究，我更關心的是，軍方撤走以後，雖然還是軍備局掌管土地，但是各方的角力將紛紛進駐，誰來關心當地的居民呢？

我聽到一種說法是，台北縣政府想要以徵收的方式，進行都市計畫的開發，那麼，從清朝時就已經遷入的居民，將要何去何從呢？

土城廢棄彈藥庫位於土城市埤塘里，緊鄰台北捷運板南線的土城站及北部第二高速公路，圖右緊鄰北二高為篤勤生態農場，圖左為彈藥庫區，圖中的和平路到土城捷運站只要十分鐘。

攝影／方偉達

這一年來，我思考了很多問題，也寫了一個規劃案，送給台北縣農業局局長，也和曾經擔任主婦聯盟董事長的潘偉華聊到這件事，她寫信告訴我說：「謝謝您寄來的土城規劃案。我個人出入土城埤塘里（俗稱土城彈藥庫）不下二十餘次，有二次帶舞蹈家許芳宜去，她直接指出該地是人間天堂。」信中提到了許多生態農場、農夫市集、千里步道等想法，我越看越興奮。當時雲門舞集在八里的據點遭到燒毀，我曾經還想到，大家可以來彈藥庫跳舞呀。

潘偉華談到：「一個規劃案，不是應該將該地過去的歷史、當地的文化、自然資源及住民都納入，成為規劃的素材嗎？若因為開發，毀壞自然資源、讓在地居民心中淌血，這樣的社會成本如何計算？」我將這段話印出來，貼在我的案頭，是的，一個市民規劃師（citizen planner），不是應該為所有窮苦的市民服務嗎？暫且不談「為人民服務」這種虛無飄渺的理念，但是為縣市政府服務的顧問公司規劃師，不都是在學術殿堂訓練出來的嗎？

後來，我看到縣政府送到行政院環境保護署的土城廢棄彈藥庫規劃案，全區規劃為高密度使用空間，我的心開始淌血。

規劃案未重視比例原則

在台大建築與城鄉研究所教授「永續城市與區域」這門課時，我以這個案例當作是課程教材，談到政府為什麼不應該強制介入並且驅趕人民。我說，在中國，我看到許多劃著拆字的房子，只要是政府看不順眼的，就可以大字一劃，合法的建築瞬間灰飛湮滅，所以，土城彈藥庫如果以國家重大建設計畫通過環評，或是通過內政部都委會都市計畫變更，當地居民的房子，馬上便面臨拆除的命運。然而，這裡土地權屬以私有土地持有比例占百分之五十九，公有土地只占百分之四十一，這麼做合不合乎比例原則呢？

我腦海中想到當年在哈佛，魯賓斯坦校長為了要擴大哈佛校地，和哈佛校區鄰近的居民搞得很不愉快，因為當年校務基金達到美金一百九十二億的哈佛帝國，要兼併鄰近的土地興建校舍，是非常簡單的事，卻不料這種舉動激怒了大波

土城廢棄彈藥庫區域生態記事

該區域面積廣達九十六公頃，是大台北地區的綠寶石。因為彈藥庫紅線區五十年長期禁建，當地自然生態保存相當完整，經過調查，發現有四十二種以上的鳥類，包含鷺科三種、鶯科三種、鷹科二種、繡眼科二種、雉雞科一種、梅花雀科二種、織布鳥科二種、秧雞科二種、椋鳥科二種、鳩鴿科五種、杜鵑科一種、卷尾科一種、雨燕科二種、鴉科一種、翡翠科一種、燕科二種、擬啄木科一種、啄木科一種、畫眉科三種、鶺鴒科一種、鸚嘴科一種、鵯科二種、王鶲科一種，其中包含大冠鷲與鳳頭蒼鷹等保育類動物。

這裡包含四十七種的蝶類，包含鳳蝶科八種、粉蝶科四種、蛺蝶科十三種、斑蝶科四種、蛇目蝶科六種、小灰蝶科四種、弄蝶科八種；十七種以上的蛙類，包括蟾蜍科二種、樹蟾科一種、狹口蛙科一種、赤蛙科九種與樹蛙科四種和七十幾種原生植物，其中還有台灣瀕臨絕種的野生風箱樹，全台野生族群不到一百株，彈藥庫內就有二株，其他還有螢火蟲、溝渠中的蜆等。

當地的鳥類高達四十二種，圖為六月的黑枕藍鶲。 攝影／方偉達

夏天出現的台灣騷蟬
攝影／方偉達

士頓地區布魯克蘭的居民，後來魯賓斯坦校長在二〇〇一年下台。雖然他的藉口是任期屆滿，但是我總是聯想到他和財團的利益關係糾葛不清。

為什麼不考慮就地保存土城彈藥庫裡的老房子呢？我請東海景觀研究所和台大城鄉研究所的學生調查其中的漳州式房子，目前共有五座近百年的閩式三合院。包括劉家古厝、陳家古厝、游家古厝、林家古厝、邱家古厝，其族人與軍方之間的關係也蘊含了許多文化歷史故事。

篤勤生態農場等四家農場曾經獲得行政院農業委員會的補助經營，卻同樣面臨未來台北縣政府徵收及拆除的命運。

攝影／方偉達

廖崇賢告訴我說：「我們是漳州人。」在清朝，這裡的漳州人是以北二高以南為界，與土城北界的泉州人不合，經常為水源發生漳泉械鬥。然而，土城南邊早期是泰雅族人的狩獵領地，在生存上已經不容易。「日本人進來後，曾經有一小股軍隊在土城埤塘里，遭到居民的狙擊。後來有一個受傷的日本軍人躲到現在家樂福位置的地點，受到當地居民的保護，結果反而通風報信，帶來更大的日本部隊進到埤塘里進行屠殺，屍體倒臥在水圳中，水都不流通了，導致這裡的居民一直很單薄。」

國民政府來台以後，當地被軍方劃為彈藥庫，長達五十三年，紅線區都被列為管制。當地的民眾長久以來，和軍方相安無事，直到軍方撤除彈藥庫，台北縣政府想到這裡設置看守所，甚至新店的煙毒勒戒所也想搬來這裡。

廖崇賢娓娓道來這裡的歷史，我告訴他，願意帶領台大和東海二十餘名博碩士研究生團隊，進駐這裡為市民們免費進行生態社區的規劃，後來於二〇〇八年的五月二十三日在中興大學農村規劃所，和六月十八日台大城鄉所，公開發表我們團隊的規劃報告，並且針對台北縣政府的政策環評進行批判。

當地居民的想法

目前進駐到這裡的環保團體很多，大家都有生態社區發展的想法，然而，居民的想法才是最重要的。為了使市民能享有綠地空間，以「中央公園」為目標，朝「市民景園利用」原則，在不破壞此地自然生態環境下，生態與人類活動能共存共榮。我們進行了四百位民眾的問卷，並且與當地居民進行深入訪談後，歸納整理出居民的心聲：

一、生態教育園區：

「我覺得這裡發展最好的方向就像外界說的土城後花園，它離台北縣很近，自然資源豐富，春天是青蛙季的開始，接下來是蝶季、螢火蟲季、鳥類導覽，各式各樣種類都很豐富，所以非常適合小孩子戶外教學場所，像台北植物園，都是人工刻

土城廢棄彈藥庫簡介

土城廢棄彈藥庫位於土城市埤塘里，緊鄰台北捷運板南線的土城站，出土城站沿著和平路步行約十分鐘即可到達，距離第二高速公路土城交流道也只有一公里，對外聯絡交通十分便利。土城彈藥庫設立於一九五五年，係由於當時土城為城市邊陲地帶，政府以每坪八元的價格徵收私人農地，並以彈藥庫的機密與安全為理由，指定為禁限建用地。之後又為興建北二高，再次徵收當地居民的土地。

隨著高速公路興建、工業區劃設、以及人口遷入，土城現已逐漸發展成為人口密集地區。二〇〇六年南港彈藥庫爆炸事件，使得軍事彈藥庫安全管理問題浮上檯面，目前國防部已將彈藥及部隊撤離該區，並解除禁限建的管制規定。本地區的開發雖然受到限制，意外保留未經破壞的自然環境，是鳥類、昆蟲、甚至是保育類物種的繁殖棲地，並保留了二十餘戶農村純樸生活的面貌。

蘊藏豐富資源的土城彈藥庫，正面臨重新開發的命運，台北縣政府目前正在申請辦理擴大都市計畫，作全面剷除式開發，欲將土城看守所遷移至該區，並新闢商業區、住宅區及慈濟醫院等用地。然而，在二〇〇七年七月豪雨，洪泛溢淹，且彈藥庫所在地含有濃度極高的重金屬含量，都是被政府忽視的議題。

意營造的環境，這裡是自然的環境，我覺得目前台灣的發展太過於飽和也過於人工化了。」「另一點是可以做環境體驗的活動，教育性與趣味性兼具。」「我想舉辦插秧的活動、堆肥製作的教學、有機農產品加工的教學，現有的環境透過人為的解說，可以提供周邊居民與各學校的戶外教學場地，體驗的活動使人們對自然更加尊

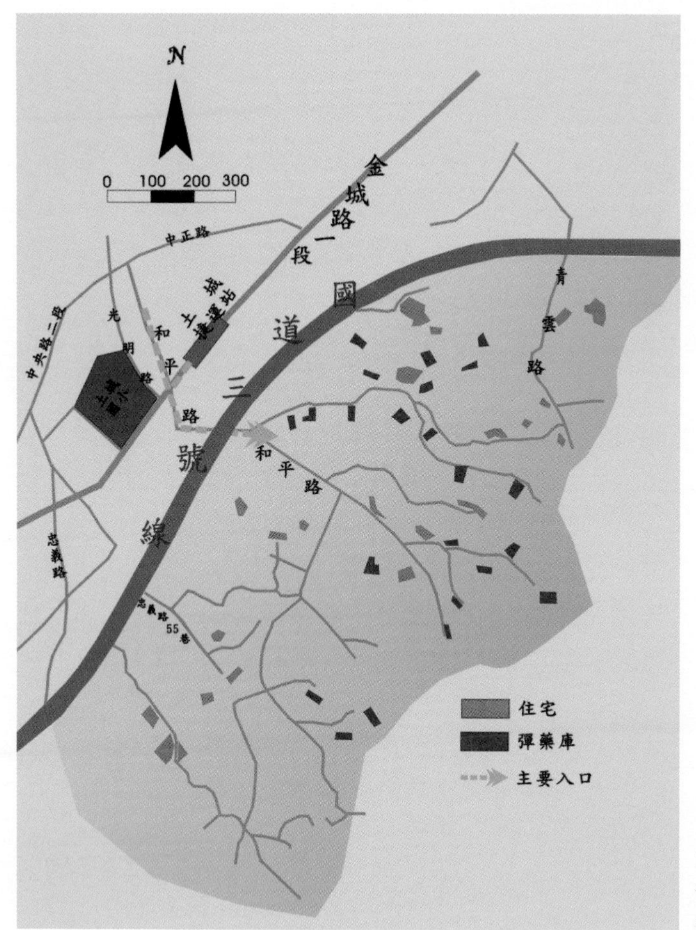

土城廢棄彈藥庫位置圖

繪圖／方偉達

敬，當活動成熟後，裡面的人就多一個工作機會。」

二、有機農業區：

「目前台北地區的有機農業大部分是由南部運送上來，包括蔬果產品、肥料，這些運送過程要耗損的運費與經濟成本有多大，若是北部能提供部份蔬果肥料產銷，更能增加產品信用與買賣的便利性。」「有機農業的一部分就是廚餘的回收再利用，每家餐廳會有一些廚餘，我幫你回收，拿來做肥料，我不用跟南部購買肥料，自己做肥料就可以減少交通消耗，也能解決地方廚餘問題。連帶的利益除了可以讓農民收入變好之外，種植的透明化也讓消費者買得更安心。環保團體對有機農業的重視，也提供協助，只要你能種出他們要求的品質，都很樂意幫忙銷售，環保團體和地方居民做成一種協議，要求居民種某種東西，他們保證全部收購，也有好的價錢，回饋到農民，回饋到本身，這是比較好的經營模式。」

我整理出當地民眾的心聲，發給我在台大建築與城鄉研究所的研究生看，期許他們在課堂為這裡提出比較好的規劃構想。我想，生態社區還是當地居民想要的。

我想，這裡即使零星分布工廠、墓地與現有住宅，在「田園社區開發」概念下，選址條件符合交通、公共設施完備、不破壞環境三項重要考量，提供有別於都會地區居住環境的住宅和生態農園選擇，開發高綠化植栽、低密度、低強度的高品質住宅社區。

此外，發展生態農村計畫，招募在地青年農友返鄉耕種有機蔬菜，建立自然步道協會所建議的步道體系，才能提供生態旅遊和永續生命的價值。

Maokong
103

06 貓空纜車：孟浪與危機

我參加專業者都市改革組織（OURS）在木柵舉辦的會員大會活動。秋初的涼風中，台北郊山的木柵地區不再那麼悶熱，四樓露天陽台上，喻肇青理事長正在做會務報告，他背後遠方的天空，有幾個的流籠狀的物體緩緩向山邊移動。我的注意力不免向山區飄移，突然想起來，那不就是最近經常被討論的「貓空纜車」嗎？真是有趣，我才從貓空做完生態調查回來。

從二〇〇七年七月貓空纜車通車以後，這條空中廊道話題不斷，常因為落雷、颱風還有記者誤觸按鍵的關係，宣告暫停營運。於是有人就戲謔的說，貓空纜車是「懶惰的貓」。

從300公尺的貓空站向台北山腳望去，一〇一大樓從地拔起。
攝影／方偉達

一條支柱很少的纜車

我關心的是貓空和北投纜車這二條台北盆地山麓「最美麗的山線」，要不要做環境影響評估。二〇〇六年北投纜車爆發弊案，工程宣告暫停。貓空纜車興建的構想比較晚，但是後來居上，在台北市政府快速通過都市計畫審議，領得建照，於二〇〇五年十月開始興建，二〇〇七年七月正式通車。

貓纜的形狀像是阿拉伯數字7，全長四公里三百公尺，總造價新台幣十億八千萬元。依照市政府的計畫，希望到貓空的遊客，可以節省車程，由原先三十分鐘縮短為十八分鐘。

依照環境影響評估法規的要求，距離五公里以上才要做環境影響評估。但是我看到台北市政府《發現台北》的網頁，貓空纜車的遠期計畫可能不只五公里。它北通到環保公園，南由三玄宮的貓空站連接到樟山寺和通往市區的恆光橋，這個「遠期計畫」像是注音符號的ㄅ，如果將來要興建，累積原有的長度，已經達到要做環境影響評估的標準了。

貓空纜車由法國POMA公司承建，歷經一年二個月工期興建完成，可說是手腳很快。到了二〇〇七年十月，纜車營運滿三個月，平均每天有一萬三千多人，假日則有一萬八千多人。根據台北市政府估計，中秋節後搭乘旅客將突破百萬人次。在頻繁的搭乘率下，纜車的負擔格外沉重。但是弔詭的是，內政部都市計畫委員會在二〇〇五年三月通過貓纜興建案，卻以考量環保的角度下，建議台北市政府：

「儘可能檢討減少支柱設置數量，以減少對景觀及工程施工造成之衝擊。」

我想到這個決議，再看到貓纜從指南宮到貓空下山谷段，長達四百七十公尺的路線，空蕩蕩的山谷中只有二根支柱懸掛一個纜車，若是發生意外，可能真的要出動直升機來救援了。

在偏重景觀及環境評估的審查意見下，工程安全似乎並沒有成為都市計畫委員關注的焦點。甚至審查結論出現「若日後經檢討評估無需供設置支柱使用時」的話，我能想像內政部都市計畫委員會委員想要減少環境破壞的苦心，但是當地脆弱的地質、天候和生態問題，似乎不是興建貓纜審查的重點。

纜車過境·鳥獸走避

貓纜從規劃到設計施工的醞釀期很短，二〇〇二年一月，台北市政府交通局因為貓空地區觀光產業低迷不振，才開始想要興建貓空纜車。

貓空屬於二格山的支脈，下轄文山區萬興、指南和老泉三個里，是台北市南

繡眼畫眉 攝影／張珮文

黑枕藍鶲　攝影／張珮文

翠翼鳩　攝影／張珮文

紅嘴黑鵯　攝影／張珮文

界重要的郊山。在纜車上向二格山上望去，二格山海拔高六百七十八公尺。瞭望遠方的猴山岳、二格山和四面頭山，可看到暖溫帶的生態系才有的樟科及殼斗科植物。

然而在冬天，因為受到東北季風的影響，強烈風速所帶來的風剪作用，使得山稜線上生長著比正常樹木還要矮小的楊梅、豬腳楠、毽子櫟及大明橘。遠方的山腰，則生長著青楓、油桐、月桃、青剛櫟、昆欄樹和山櫻花等植物。然而，從貓空山頂朝向山麓看去，茶園和果園間和先驅植物形成演替的現象，構樹、香楠、野桐、血桐、江某、杜英、山黃麻、相思樹、烏心石、大葉楠等中低海拔植物，伴隨著野菰、大頭茶、小毛氈苔和箭葉堇菜等耐蔭植物，形成一片又一片深綠和淺綠的馬賽克。纜車經過指南溪時，望著溪谷潮濕陰坡，那兒長滿著蕨類植物和筆筒樹。

我在行前曾經調閱了台北市野鳥學會的鳥況記錄，文山區鳥類紀錄有一百零三種。在一九九三年，貓空地區的鳥類調查到三十一種，包括黃頭鷺、頭烏線、小白鷺、台灣紫嘯鶇、鉛色水鶇、褐頭鷦鶯、灰頭鷦鶯、麻雀、五色鳥、繡眼畫眉、黑枕藍鶲、小彎嘴、灰鶺鴒、山紅頭、八哥、家八哥、竹雞、綠畫眉、翠翼鳩、紅嘴黑鵯、綠繡眼、斑頸鳩、白頭翁、斑文鳥、紅鳩、家燕、大卷尾、白腰文鳥、短翅樹鶯、鳳頭蒼鷹和大冠鷲等。但是現在有許多鳥已經很少在貓空見到，鳥類調查經常都不到十種。除了白頭翁數量略減外，其他的鳥種數量零星，貓空已經不再成為賞鳥熱門地區。

也許過去晚上可以聽到黃嘴角鴞的叫聲，或是見到筒鳥和黑鳶的身影；在貓空人車聲中，現在也很難看到原來滿山遍野的台灣獼猴、穿山甲、松鼠等哺乳動物，更不要說這裡曾是野豬的棲息地了。

貓空地質·本就不穩

興建貓纜，是希望藉由纜車帶來人潮，振興木柵地區沒落的觀光茶業。但是我來到貓空，思考的卻是遙遠的歷史，一個民族與民族之間的爭鬥史。

「貓空」的由來

很多人誤解木柵貓空的意思，以為是：「茶店逐漸式微，而貓也跑光了嗎？」

貓空地區原來是泰雅族賽德克人的射獵場域，在清朝時屬拳山堡的大坑，又稱為內湖莊內彎。在日治時期屬文山郡，位在台北市文山區、台北縣深坑鄉、石碇鄉交會處二格山主峰的西方。

泰雅族賽德克人約在三百五十年前，由南投縣霧社穿越拉拉山，再沿著大漢溪上游進入台灣北部，泰雅族賽德克人區分為活動於新店安坑和中和的大豹社群，以及活動於公館、木柵、深坑、景美和新店屈尺的屈尺社群。在清朝時，泰雅族被歸為「深居內山，未服教化」的「生番」。

其後，福建省泉州張氏在清朝康熙末年，渡台到木柵開墾。到了道光初年，張啟明向雷裡社東義乃的孫子君孝仔購買現今指南國小附近的土地，後轉賣給張姓家族的延、永、建字輩。隨後張姓家族沿著新店溪支流景美溪一帶開闢村落，並且建造木柵，劃界立碑，形成防禦泰雅族人攻擊的界線。

一八七四年（清同治十三年）之後，清朝政府採取「以番制番」的手段，將土地劃歸雷里社所有。移入該區的漢人，要向他們申請土地開墾。清朝咸豐年間，漢人繼續向新店山區開墾，壓迫泰雅族人搬到二格山系以南的烏來深山。到了日治時期，日本總督佐久間左馬太推動「五年理蕃計畫」，將住在烏來深山區的泰雅族聚落強制搬到現在的烏來淺山地區定居。

「至於貓空為什麼要叫做貓空呢？」

根據當地耆宿的說法，有人說因為當地溪水流像是貓爪痕跡，所以戲稱為貓空，這是對於閩南語的一種誤解。由於貓空大坑溪谷經年累月受到砂石沖刷，在較為柔軟的溪床上磨出一個個的洞穴，地質學稱為「壺穴」，閩南語則稱這些「皺孔」為niau-kang，意思是凹凸不平的孔洞。直至日治時代，

日治時代的泰雅獵人
來源／武陵出版社

則以閩南語發音並以漢字書寫為「貓空」。此外，貓空又有一個舊地名叫「山豬櫥」，以稱呼本地是捕捉山豬的陷阱所在地。

貓空地區雨量豐沛，適合種植大菁、茶葉。但是用於衣服染料的大菁，經濟價值不如茶樹，木柵茶葉組合的負責人張福堂在一九二三年派遣張迺妙、張迺乾兄弟回福建省運回鐵觀音茶種，在樟湖山試種。後來茶農在木柵石獅腳、草湳、樟湖、貓空、待老坑、阿泉坑一帶山區種植，從此文山地區的鐵觀音茶業開始興盛，成為台北最大產茶區之一。

為了運送茶葉，當地人興建縱橫綿密的道路，形成現在的茶葉古道。茶葉從陸路運到景美溪渡船頭，並藉由水路送到艋舺轉運。但是到了二十世紀，新店溪、景美溪因為水土保持不佳而告擱淺，導致日治時代張家的茶葉產業由盛而衰。近年來政府推廣休閒農業，木柵貓空又成為觀光茶園的代名詞。

貓空原來這個地方不是種茶的地方，而是泰雅族人的獵場。清朝中葉，漢族和泰雅族人為了要爭奪這塊土地，泰雅族人以獵取人頭作為戰勝的戰利品，如果躲不過泰雅族人的狙擊，就成為他們的人頭祭品。因此，進到泰雅族獵場進行茶園耕作的婦女與小孩，不但要肩負採茶的工作，更必須提防自身的安危。

閩南語有一句話說：「摘茶不分大細漢，會捧碗就要會摘茶。」當發現泰雅

纜車經過指南溪時，望著溪谷潮濕陰坡，那兒長滿著蕨類植物和筆筒樹。
攝影／方偉達

族人的蹤跡時，採茶的婦女和小孩就躲在茶樹叢中，讓泰雅獵人找不到，而為了要能夠尋求掩蔽，常常讓茶樹任意生長而不加以修剪，採茶的工作也格外辛苦。

我從貓空仰望二格山，因為砂頁岩產生風化現象，看到層層剝落的景觀，才知道這裡地質多不穩固。原來供茶葉需水溪溝縱橫的景觀，也已經不再。過去當地農民仰賴灌溉的溪水，長期以來已乾枯，再也沒有溪水奔流的景象。

「如果這個地方容易坍方，那麼，更需要工程安全的考量了。」在市政府的報告書中，貓空地區屬於弧形崩塌與指溝侵蝕的陡坡地區，工程施作相當不容易。二〇〇一年九月十七日，納莉風災造成文山區五十四處坍方，其中貓空指南里就有十二處發生淺層崩坍，暴漲的溪水並引發了田寮橋和樟湖橋的斷裂，修復期長達半年。

回程感慨落雷

纜車逐漸下降，從三〇〇公尺的貓空站向台北山腳望去，一〇一大樓從地拔起。鐵觀音茶樹以及筆筒樹、鬼桫欏、台灣桫欏，是潮溼水氣下貓空的特色。

望著山巒盤旋的大冠鷲，遠方的烏雲好像要飄過來了。從指南宮掠過，俯瞰山頭，大冠鷲不發一語。

是要落雷了嗎？

在貓空山區、動物園這一帶，夏天的雷雨相當頻繁，被戲稱為是「雷窩」。以台北市有百分之五十五的山坡地來說，文山地區一年之內發生五十七次落雷，與北投地區發生的頻率五十五次差不多。相較於台北市區平均二十八次左右，台北郊山發生落雷的機率，相當於台北盆地發生落雷機率的二倍。

意思是貓空纜車在一年之內，一百天就有十五天因為落雷而停止營運。

還好，估計還有十多分鐘就會到達動物園站了。到了轉角站時，彎過一個大彎角，我還是專心地俯望中低海拔美麗而茂密的相思樹、香楠、鵝掌柴、血桐、山麻黃群落，算是今天目睹台北盆地櫛比鱗次的高樓建築之外，額外的獎勵。

也許，纜車就是太方便了，民眾將來只是上來看夜景，不會思索人和自然的關係。也許到了秋冬之後，人們的新鮮感不再，搭乘貓空纜車的人們將減少，但是台灣第一部長程纜車畢竟興建了，也是我們需要學習的開始。

台灣高鐵，是鳥類的禁航區？

先談談我的老師吧，我在美國第二個研究所指導教授是哈佛大學景觀建築研究所理查・佛爾曼（Richard Forman）教授，佛爾曼教授被北京大學景觀學院院長俞孔堅稱呼為「景觀生態之父」。二〇〇〇年的時候，我隨著佛爾曼到新罕布什州的Sargent Camp進行灰狼調查，滿頭白髮、罹患帕金森症，在課堂上拿起粉筆還顫巍巍的佛爾曼，夜裡一點帶著我們走到黑黝清空的林道，朝向星空學著灰狼呼喊，當厲聲傳遍整座荒野時，我彷彿看到一匹不服老的灰狼，帶領一群小狼在原野上奔馳，而老狼似乎又恢復了青春活力。

高鐵全線通車後，影響到台灣南部埤塘水域高蹺鴴的棲地，但是因為不是珍稀物種，所以不受到重視。

攝影／方偉達

道路生態學教父—理查·佛爾曼

佛爾曼在一九八六年出版了《景觀生態學》、一九九五年出版了《土地鑲嵌體》（*Land Mosaics*），但是我知道，他和我十幾年前在亞歷桑那州立大學唸環境規劃研究所碩士的同學安娜·赫絲柏格用力最勤的是「道路生態學」。二〇〇三年佛爾曼出的第三本書就是《道路生態學》，可以這麼說吧，台灣博碩士論文研究生態學同學，言必稱「理查·佛爾曼」，到了二〇〇六年全台灣有將近五百本博碩士論文是引用他的理論。而在美國最常聽到其他學校的學生稱呼他是「教父」。

「道路生態學」是什麼？二〇〇六年年底我到交通部高速鐵路工程局演講的時候，開宗明義就點出「道路生態學」的涵義，直陳談的就是交通對於生態的破壞。第一點就是生物所賴以為生的棲地遭到影響。例如說，高速鐵路穿越水雉棲息的地區，以台南的葫蘆埤和德元埤為例子，位置在高速鐵路里程標二六二到二九五公里處。這些地方擁有多樣化的環境，例如埤塘、稻田、菱角田、魚塭等。如果高速鐵路每天以一個小時的頻率通過，將會造成水雉生態的干擾（disturbance）效應和障礙（barrier）效應。

當然道路造成景觀的破碎化，不全然是因為道路的興建，尤其高速鐵路是高架化，障礙效應和鐵路所在的位置不同，而有所不同，例如在台灣北部和南部影響不一樣；而景觀破碎化對於當地生態衝擊的程度，又和物種的類別不同，而有不同的差異。

高速鐵路與水雉

二〇〇〇年的時候，我將高速鐵路產生障礙效應，以生態戰略點和阻抗模式，將水雉所受到道路及鐵路的影響，以數學公式計算出來，拿給佛爾曼看，佛爾曼淡淡的對我說：「鳥類會飛，道路障礙對牠的飛行阻抗並不像兩棲動物那麼大。」

我感到納悶，鳥類會飛行，但是鐵路和道路都會對生態造成障礙。以陽明山國家公園為例，在二〇〇〇年調查統計，七年來在陽明山國家公園路邊發現之動物屍體已超出九〇〇〇筆，這還包括鳥類，經過國家公園檢討，造成動物發生事故的原因，和道路的寬度、車速及流量有關。如果以高速鐵路每小時三〇〇公里的速度，全長三四五公里，以沿線左右二～五公里以上的影響範圍，影響面積超過二倍的桃園台地（桃園台地面積七五七平方公里）。

高鐵全線通車後，影響許多濕地物種，例如台灣南部埤塘水域高蹺的棲地，但是因為不是珍稀物種，所以不受到重視。以珍貴稀有保育類生物而言，影響到的鳥類包含：水雉、彩鷸、燕鴴、小燕鷗、環頸雉、大冠鷲、鳳頭蒼鷹、台灣松雀鷹、翠翼鳩、紅尾伯勞等；兩爬類包含：台灣草蜥、蓬萊草蜥、錦蛇、褐樹蛙、貢德氏蛙、眼鏡蛇、龜殼花、虎皮蛙等。

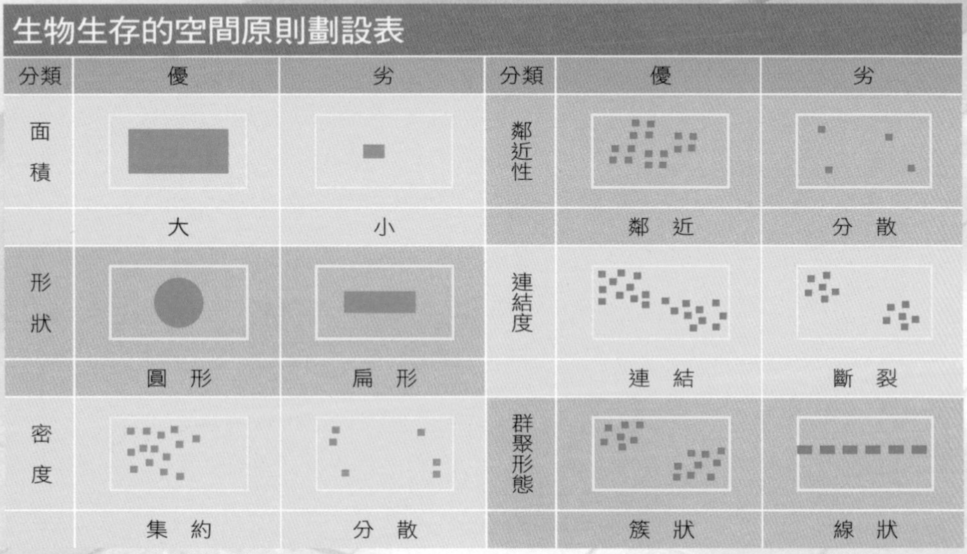

生物生存的空間原則劃設表

分類	優	劣	分類	優	劣
面積	大	小	鄰近性	鄰近	分散
形狀	圓形	扁形	連結度	連結	斷裂
密度	集約	分散	群聚形態	簇狀	線狀

繪圖／方偉達

其中以水雉面臨到直接棲地範圍縮減的問題。其他調查珍稀的物種，例如環頸雉、紅尾伯勞等保育類動物，這些物種在台灣分布區域較為廣泛，而且對於棲息環境沒有特別的要求，族群數量還算穩定。水雉，棲息地限於菱角田，而高鐵所經路段第二八一到二八三公里處，也就是葫蘆埤及周圍的菱角田，剛好就是水雉重要繁殖地區。

當時我因為要寫水雉棲地復育的研究題目，而來到哈佛大學攻讀設計博士，但是我的困窘是，二〇〇〇年水雉棲地在台南官田藉由才復育第一個因為棲地補償的案例，因為資料呈現的時間太短，我拿這個論文題目事實上是不是太冒險了。連佛爾曼都說：「如果因為颱風造成水雉繁殖失敗，你也不能說復育失敗，因為天災是不可預測的。」這個題目就此胎死腹中。

我的德州研究

我在二〇〇一年十二月底離開哈佛時，學校給我景觀建築設計碩士學位。在聖誕節剛過的第二天，冒著氣溫零下十二度的溫度，我花了二天半的時間，獨自一個人冒著被暴風雪追趕的危險，以時速每小時一百三十公里的速度，從繁花似錦的波士頓飆到德州的休士頓，全長三三〇〇公里。

高鐵真的對鳥類沒有影響嗎？佛爾曼教授說得有道理，水雉可以飛過重重的障礙，回到水雉祖先待過的高雄大水塘，這也是史溫侯當年發現水雉的地方。但是，其他物種是否那麼幸運呢？

我開始專心的用電腦分析景觀生態學中棲地被嚴重影響的法則，這個法則是強調生態環境的衝擊。道路常造成動植物生態和人類環境「天人永隔」，其中主要來自於道路施工中之破壞，道路營運之後，交通噪音及對生物的驅離。我細心的將麥克阿瑟和威爾森所創造的「島嶼生物地理學」原理及「景觀生態學」原理所應該注意物種棲地復育營造，應考量物種生存的法則，列出前頁這個生物生存空間原則劃設表。

在空間上來說，在左邊的圖形，表示這種棲地對於生物是好的；在右邊的圖形，表示這種棲地形狀或是排列，對於生物是不好的。簡單來說，棲地的好壞，應該要和它的大小、形狀、密度和連接的情形有關。然而現在棲地的環境不好，主要是和人類的入侵，產生生態破壞有關。

所以現在生態復育，應該要增加水雉的繁殖地區；此外，應該降低高鐵行進時車輛的噪音的干擾，並且留設緩衝地帶，以避免在鳥類繁殖季節干擾鳥類生殖行為。

高鐵雖然還沒有通車，但是水雉棲地復育卻不斷傳出喜訊，二〇〇〇年整個棲地四巢共計四隻，增至二〇〇二年的二十七巢（五十六隻）。二〇〇三年的時候，水雉飛抵到高雄左營洲仔濕地，在第二年進行繁殖，孵育出四隻雛鳥。

連鳥類，都知道這是死亡區！

到了德州之後，德州農工大學生態研究所不承認我在哈佛所修的學分，經過一年半拼鬥，以九門課七門A的成績，不但修完了課，又獲得生態博士候選人的學位。返回台灣後，我著力於台灣道路生態學的研究，利用時間寫博士「鳥」論文。這段時間，回到熟悉的環保署，繼續承辦了「高鐵汐止維修基地」、「高鐵噪音對零星住戶影響解決對策」等三十餘項環境影響評估工作，順利協助高鐵完成噪音改善計畫之後，在二〇〇六年九月離開工作十餘年的環保署，直到二〇〇七年才聽到高鐵通車的消息。

二〇〇七年元月四日高鐵才剛從台北板橋出發，經過四十五分鐘進入台中烏日，車頭上有十二隻鳥的血印，包括鴿子和斑鳩，高鐵行經台灣南部後，更是慘不忍睹，在南部雲林、嘉義地區，因為農耕區屬於紅鳩的棲息地，這些鳥類在落地棲息還是起飛時，很容易遭到時速三百公里高速的列車撞擊，這種情形到了幾天後已經趨緩，也就是說，因為高速鐵路每個小時的行進時間已經固定，鳥類已經知道這個區域是死亡區域，學習到不能夠隨便穿越。

「佛爾曼不了解台灣的道路，甚至是高速鐵路，都會對鳥類造成威脅。」「然而，台灣的動物學習力相當旺盛，甚至是狗，都會過斑馬線。」在高鐵局演講時，我說了一個冷笑話。

廊道生態學的重要

佛爾曼的「道路生態學」屬於「景觀生態學」的一環，其中在景觀上，區分為基質（matrix）、區塊（patch）、和廊道（corridor），以桃園台地為例，整個桃園台地就是一個完整的基質，上面的桃園大圳就是廊道，埤塘呢，就是區塊。二〇〇六年裘娣．賀提（Jodi Hilty）等人編寫的《廊道生態學》（*Corridor Ecology*）已經可以稱為是這個新興領域上，較為具有人文關懷的作品。

賀提等人認為，生態破碎化已經是不可避免的事實，然而要經過人為的修復，需要生態復育的努力。其中「廊道」的營造，非常重要。這包含了在生態核心區域（就像是生物的主棲地）之間的串連，或是進行生態跳島的營造，這也算是生態廊道。廊道包括防風林廊道、河川廊道、圳路廊道，甚至都市的行道樹，如果串連起來，也可以稱呼為都市中的廊道。

根據這些連結原則，我們可以用下面四張圖，說明道路興建的時候，應該要

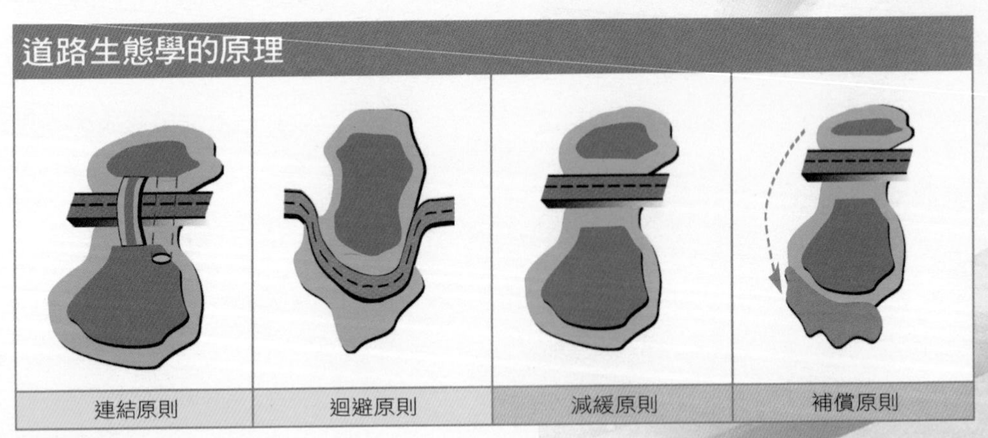

繪圖／方偉達

採取「連結」、「迴避」、「減緩」、及「補償」來考量，其中可以歸納以下重點：

一、在興建道路路線時，應該降低道路切斷棲息地的影響，我們要採用生態式的導管、排水口、箱型地下涵道甚至是生態橋樑，做為生物穿越道路的替代路線。

二、道路建設盡量迴避生物的棲息地，要採取迂迴路線或隧道，以避免破壞棲地環境。

三、將道路兩旁空間維護成最適合動植物棲息的環境。

四、當道路萬不得已建設，將要破壞生物棲息地時，應該要重新設計相仿生態條件的棲息地，以補償原有動植物被毀壞的家園。

可憐，牠們的生命…

高鐵瞬間可以奪走許多動物的生命，讓我想到台灣一年因為交通事故死亡人數，在一九九六年以前每年超過七千五百人，二〇〇四年之後下降為二六三四人，但是人數仍然非常可觀，這些意外都是在道路上發生的。

高鐵是不是人類的「廊道」，鳥類的「禁航區」，還有待爭論，但是台灣在邁入人文關懷的生態保育角度上，「仁民愛物」的慈悲理論，不但是「廊道生態學」關心的議題，同樣是人本主義邁向萬物共生社會的必經之路。

桃園的1545座埤塘，消失中⋯

08

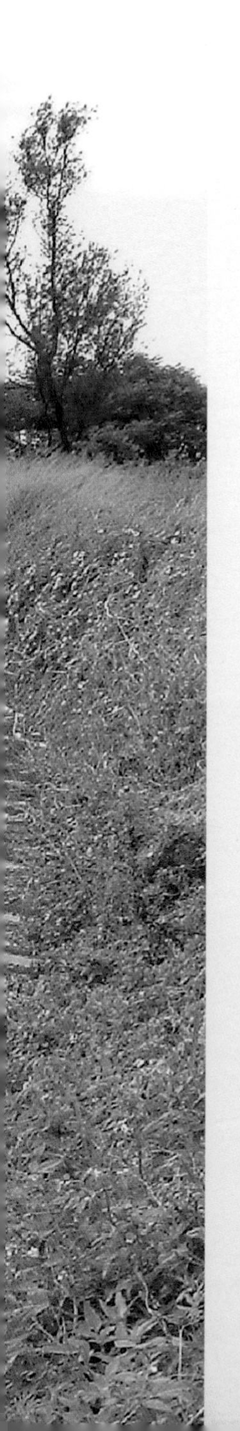

我有很長的時間，進行桃園台地埤塘的研究調查。這個地方不僅僅是我博士論文研究的區域，同時目前也是進行都市和區域研究很好的範例。為什麼要這麼說呢？正因為桃園台地是多民族匯合的地方。

在桃園做埤塘生態研究，有很多歷史關係先要建立。根據清朝時陳培桂編纂《淡水廳志》中的記載，桃園台地第一座大規模的埤塘為龍潭大池，是平埔族人知母六在一七四八年招募漢人和平埔族人所建的埤塘，到了現在已經有二百六十年的歷史。知母六後來被清廷賜姓蕭，改名為蕭那英，他在一七三八年到一七六七年之間，擔任平埔族霄裡社的通事。當時龍潭大池剛蓋好的時候，稱為靈潭陂（埤），因為有人夢見一條龍從潭中升起，後來取名為龍潭大池。

歷史記載桃園埤塘在晚清最盛的時候，有一萬多座埤塘，我發現到了二十世紀，從一九六〇年出版的聯勤地圖上來看，桃園台地在757平方公里的土地上，埤塘面積有4970公頃，個數為3204座。到了一九九九年，從經建版地圖判視，桃園台地埤塘面積有2926公頃，個數1545座，埤塘消失的速度非常快。

客家人陸陸續續在清朝時遷來台灣，在桃園台地依據老祖先的技術，開鑿了萬餘座池塘。
攝影／方偉達

埤塘是怎麼來的？

我在研究生的課堂上，談到人文生態，最常講的就是原住民和客家族群。二〇〇七年十月三十一日哈佛大學「哈佛燕京學社」在北京大學召開「人類文明中的秩序、公平公正與社會發展」國際學術研討會，我向與會的哈佛燕京學者談到「濕地台灣」的集體記憶，認為颱風洪水和充滿瘴癘的林澤，是台灣先民集體恐懼的記憶總和。在中國科學院研究生院的演講，面對台下一百多位碩博士生，我也談到平埔族和客家人對於桃園埤塘的貢獻。

東海大學碩士在職專班的學生看我擅長演繹客家和原住民的生態人文歷史，問我說：「方老師，你是哪裡人？」我笑笑說：「什麼血統都有，就是沒有客家和少數民族的血統。」

我用閩南語說：「我是芋仔蕃薯。」…「要做好研究，維持研究的純粹性，要保持客觀理性，盡量不做偏執和主觀的族群調查，而且絕對不做為自己的族群說話的意識形態研究。」說完以後，有位同學大方地送我一本台灣大學生工系張文亮教授寫的書《臺灣不能沒有客家人》，我和張教授是熟識的，而且我知道他是閩南族裔。

在埤塘研究時，最令我困擾的是即使一七四八年開始薛啟隆、知母六共同開鑿霄裡大圳，後來挖掘了龍潭大池，但是在一百多年間，桃園一萬多座埤塘又是怎麼形成的呢？

我在美國發表博士論文時，美國教授不願意承認台灣先民刻苦耐勞的實力，認為之前應該是有類似地形壺穴的地方，然後先民依據這些坑洞開鑿。他們不相信這些都是人工開挖的設施，我需要舉出地質的證據來解釋。二〇〇七年十月初在台灣大學建築與城鄉所演講都市環境復育時，談到客家族群流動，我想可能是形成桃園埤塘興建的動力來源之一。

我們知道在清朝乾隆年間，新莊是淡水內港大漢溪船隻輻輳的中心，因為位在興直山（觀音山）下，於是稱為興直堡新庄。在當時，新庄沿著大漢溪形成了長條形狀的港街，成為大漢溪帆船航線的中段，所以稱為中港街。當時的興直堡新庄河埔新生地，涵括現在的頭重埔、二重（埔）和三重（埔）一帶。一七六二年（乾隆二十七年）客家人劉和林、劉成纘父子兩人，率領客家人接引大漢溪的溪水開鑿了萬安圳，並且挖掘了許多埤塘貯水，範圍包括中港厝、頭重埔（頭前）、二重埔和加里珍（五股）這些地方，當時的新莊是台北盆地重要的米倉。

「那麼，對於新莊、三重、五股農業發展具有貢獻的客家族群，為什麼後來又離開了台北縣？後來又到了哪裡去了呢？」

客家人·散村·基塘

我在桃園和新竹找到答案。由於閩客族群，在清朝時期的興直堡及擺接堡（台北縣新莊、三重和板橋一地）發生多起械鬥，這些械鬥，不是農民拿起鋤頭幹架，而是以火繩槍和城牆砲壘的對轟，總計有閩族之間漳泉的戰鬥，閩客族的戰鬥，以及漢人和原住民之間的戰鬥。後來客家族群放棄經營許多年的興直堡新庄，遷到了桃園台地。在一百年間，閩客族群在清朝一鑿一斧挖出來具有時代創造意義的埤塘，到了今天還具有水利、農用、消防、風水、休閒、教育和生態的功能。

客家人遷到了桃園和新竹之後，和閩南漳州、泉州人的戰鬥還是沒有休止。但是桃園台地在族群的紛紛擾擾之中，逐漸形成散村的聚落。日本地理學者富田芳郎在一九三三年出版的《臺灣的農村聚落形態》，他以日文描述台灣西部北、中、南地區依據地方的差別，造成鄉村聚落空間的差異，形成了大肚溪以北的散村和濁水溪以南的集村形式聚落。

然而，桃園因為在台灣西北部的台地上，從清朝時由零星的農村交易中心形成了「街鎮」，後來街鎮的中心又形成了較大的「聚落」。在農家的聚落適當地區，閩客族群挖掘了埤塘，形成環繞埤塘的聚落，稱為「散村」。

這些埤塘是有歷史根據的。在唐朝末年中原大亂，客家族裔集體遷到嶺南，在珠江三角洲建築了一座一座的「基塘」，基塘可以養魚，並且形成了魚、米共生的生態體系，後來傳到了香港和澳門，稱為「基圍」，用來養蝦。接著客家人陸陸續續在清朝時遷來台灣，在桃園台地依據老祖先的技術，開鑿了萬餘座池塘。

清朝過去了，日本殖民統治也隨著國民政府進駐台灣，也隨即退出島嶼舞台。從一九六〇年之後，台灣經濟開始起飛。桃園埤塘開始大量地消失，尤其以台地南部的楊梅、新屋等地埤塘最為明顯。四十多年來，因為桃園台地都市重劃和農地重劃的結果，造成座落於在重劃區的埤塘，遭到棄置、填平；或是利用埤塘填平後的土地，興建桃園國際機場、國民中小學、八德新市鎮，還有無數的鄉公所及地方政府部門的建設用地。

減少四萬多隻水鳥棲息

我們在桃園進行鳥類調查，總共調查到117種鳥，在一個冬季，四十五個埤塘就數到了15000多隻鳥，包括許多度冬候鳥和留鳥。鳥類棲息的環境具備了多樣化的態勢，尤其以埤塘水域和沿海防風林最是豐富，這些鳥類佔據的熱點，同時包括了都市邊緣、稻田、平原和溪流等。但是，都市快速開發，沿海快速道路經過，農業水田荒耕，森林面積減少，造成鳥類棲息地遭到破壞。有些重要鳥類棲地靠近工廠和污染海域，同時造成鳥類棲地的影響。

「如果桃園埤塘的消失會造成鳥類生存空間的壓縮，以一公頃能夠讓七隻水鳥生存來算，目前埤塘消失的程度，已經壓縮到四萬多隻水鳥棲息的空間。」「然而，只是都市發展才造成埤塘消失嗎？」我又提出另外一種見解。

在上個世紀，桃園大圳和石門水庫興建完工後，因為灌溉圳道發達，造成農民不必為了引水而傷腦筋。因為水圳可以提供更為穩定的水源，所以當桃園大圳興建好了之後，北部的埤塘逐漸地荒廢毀壞；等到一九六〇年之後，隨著石門大圳的完工，南部的埤塘也遭到荒廢，現在更因為農業的沒落，城鎮建設需要土地，埤塘逐漸地消失。

因此，我思考的是，如何以景觀生態學的觀點，活化埤塘和水圳的「生產、生活、生態」三生共榮互存的保育價值。而且，我們必須因應都市發展和人口增

埤塘是水鳥的棲息地　攝影／方偉達

建構城市區域和埤塘的生態體系

一、鄉村建物應該搭配到本土自然景觀風貌，用自然建築的視覺景觀來輔助，並且減少鄉村建築物的量體。

二、景觀道路營造應配合在地的紋理、當地道路旁植栽背景、景觀和軸線規劃。考量物種移動的生態、視覺景觀，並且考慮切穿動植物棲地後的補救措施，營造正面的生態交替區邊緣效應，避免負面的都市發展邊緣效應。

三、生態區塊和廊道應該考慮到水系的營造，要好好規劃範圍內的溪流和池塘環境，包括埤塘、風水池、生態池、景觀池、滯洪池、人工濕地、水圳（灌溉回歸水再利用）、溝渠、溪流、河川等，配合地方水文及排水需求，進行生態系統和緩衝地帶的規劃，並且考量到生態綠廊的配置，進行系統性的規劃安排，營造鄉村的多樣化的水域環境。

四、生態基質（ecological matrix）的復育應該強調回歸原有本土林相或是植被的完整性，例如復育原有景觀生態系中面積最大，流通性最好的景觀，例如完整的農田、防風林等，如果農田復育沒有辦法建構「完整的生態系統目標」，則應該朝向建構「相對性健康生態系統目標」，並且努力進行。

加的趨勢，了解到桃園鄉村地區路網密度越來越高，產生了許多不好的生態效應，這是目前城鄉發展最需要注意的課題。

桃園埤塘風華再現

我在桃園龍潭設計營造過埤塘，也建議過政府運用地下涵洞、高架廊道、樹籬（hedgerow）、防風林（windbreak），甚至連通河川、溪流和水圳廊道等設計，來減少生物廊道的隔絕效應。

如今，桃園縣一鄉鎮一埤塘公園的概念已經形成，埤塘的生態重要性也為人們所重視。

我從景觀生態學的點效應、廊道效應和邊際效應出發，不斷在國內外的演講宣揚景觀生態網路的概念，四年下來運用「佛爾曼理論」，發表了六十餘場學術演講。

二〇〇七年七月在全球景觀生態大會上，看到久違不見的恩師，哈佛大學教授佛爾曼博士。他告訴我說，今年年底要出一本書叫做「城市區域」（暫譯）。我看到他在哈佛時候寫字會抖動的手已經復原了。也許，在澳洲溫暖氣候的調養下，這位白髮蒼蒼的父執輩教授，不但恢復得健康，而且將景觀生態的理論，已經運用到城市的永續發展了。

我和佛爾曼教授談了許多城市發展的問題。面對人類居住環境持續擴大，我也深深思考到因應鄉村生態受到干擾的趨勢，相關規劃單位應利用景觀生態學知識，來發展出高效率的方法，進行棲地復育和營造；並且檢討生態評估和復育行動策略，以建構城市區域和埤塘的生態體系，桃園埤塘風華才能永續再現。

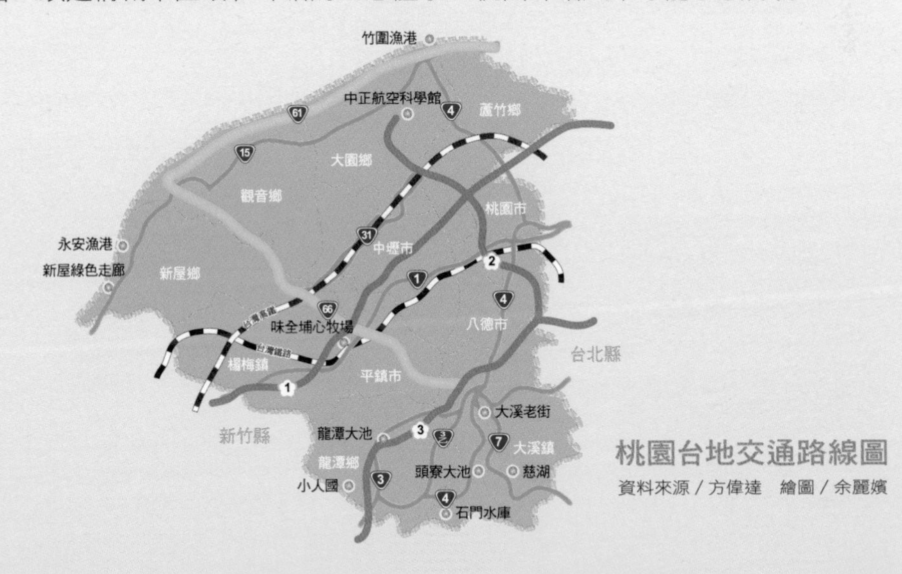

桃園台地交通路線圖

資料來源／方偉達　繪圖／余麗嬪

水蓮花最後的孤戀：台灣萍蓬草

09

「風微微、風微微，孤單悶悶在池邊，水蓮花，滿滿是，靜靜等待露水滴。」

一九五二年，四十二歲的周添旺和三十三歲的楊三郎合作出「孤戀花」這首意境優美的歌。「水蓮花」可以用「孤戀花」自況，那麼，什麼是「水蓮花」呢？我的客家朋友「田中博士」吳聲昱告訴我說：「台灣萍蓬草百年來俗稱為水蓮花，客家話叫做水浮蓮。」周添旺、楊三郎是否真的看到過在桃園池塘中的台灣萍蓬草（水蓮花）呢？

孤戀花，就是瀕危的台灣萍蓬草！

吳家池塘是台灣萍蓬草原生棲地
攝影／陳德鴻

二〇〇三年秋天，我到桃園縣龍潭鄉進行台灣萍蓬草的原生棲地調查。從桃園龍潭八張犁的魏家、吳家、廖家及黃家池塘，到平鎮的謝家池塘，甚至繞過大坑缺山，到達楊梅的矮坪子和秀才窩，找尋台灣萍蓬草的殘留遺跡。當時只有龍潭八張犁魏家三座池塘、吳家、廖家和平鎮謝家，共計六座池塘存有，但是魏家二座池塘的台灣萍蓬草都長得不是很理想。秋陽照耀下的客家舊屋，以及搖曳生姿的台灣萍蓬草深深吸引了我。

台灣萍蓬草（水蓮花）於一九一五年在新竹縣新埔鎮被日本園藝學者島田彌市發現。一九八〇年起，徐國士、呂勝由、張惠珠和楊遠波等學者將台灣萍蓬草列為瀕危植物。根據一九八五年輔仁大學生物系教授陳擎霞幫農委會做的調查，台灣萍蓬草原生棲地在桃園龍潭八張犁有二座池塘，一九八六年十二月在龍潭八張犁和信集團達裕開發公司工業區範圍中，也被發現三座池塘有台灣萍蓬草，五座水池總共有一七八五株台灣萍蓬草。陳擎霞認為，距離一九一五年日本人島田彌市發現之後，六十年來都沒有採集紀錄。然而，在工業區內重新發現台灣萍蓬草，卻讓陳擎霞憂心忡忡，也讓桃園縣政府正視萍蓬草被發現的事實。

一九九〇年到一九九六年，桃園縣農業局以休耕補貼農作之方式，補助每座池塘二萬元作為萍蓬草復育工作。但是因為台灣省政府精簡的關係，桃園縣政府缺乏經費支持，無法繼續補助。到了二〇〇一年台灣濕地保護聯盟在這裡調查時，還看到魏家、吳家、黃家、廖家、鄧家、梁家等六座池塘有萍蓬草出現。

政府在二〇〇三年推動兩兆三星計畫，為了留住廣輝電子公司，以「只租不賣」的方式，由政府以納稅人的血汗錢高價收購和信集團達裕開發公司工業區土地，將這筆新購國有土地租給廣輝電子公司投資蓋電視液晶螢幕面板廠，國科會在二〇〇四年二月一日將這座命名為龍潭科技工業園區，總佔地為一九八公頃，到了二〇〇六年友達光電併購廣輝電子公司，這裡儼然形成高科技的新興重鎮。

吳聲昱營造出擬生態的溼地

二〇〇三年，我剛從美國德州農工大學回國，在論文寫作的壓力下，我常常在星期假日，企圖釋放在環保署環境影響評估科日積月累的案件壓力，一個人獨自到中和市景安站搭車，經過北二高到龍潭鄉，蹲在龍潭八張犁的吳長科老師家的池塘旁，細細品味萍蓬草的姿影。那萍蓬草黃花雖小，但是地下河根強悍，然而我仰望緊臨的「龍潭科技工業園區」，巨大的工業量體不斷地在往後的歲月中從地拔起，工地不斷流入的泥水，以驚人的速度灌進吳家池塘。

二○○四年二月二日「世界濕地日」，我帶著台大生工系張文亮教授和公共電視記者王晴玲拍攝水蓮花專輯。張文亮經過監測發現，台灣萍蓬草生長的環境和桃園台地特殊的土壤有關，萍蓬草所生長的底泥需要透氣性強的中性土壤，不適合太過優養化的底泥。此外，生長氣溫不可過高，酸鹼度以中性為宜。

我畫出幾張水生植物的棲地營造圖，其中一張請吳聲昱按圖施工，上面畫著太極，企圖挽救在吳家岌岌可危的台灣萍蓬草。我的營造理念很簡單，這裡是龍潭，當年原住民知母六率領漢人流民在龍潭挖掘龍潭大池，有老者夢見黃龍自地中湧出，所以將這個地方命名為龍潭。我雖然不迷信，但是也請吳聲昱注意施工的安全。

二○○四年八月，吳聲昱在緊臨工業區旁的吳家營造出太極的濕地雛形，第二天大雨，雨水灌滿了池塘，我欣喜地看著雨水滋潤過的大地。

依據台灣萍蓬草自花傳粉的特性，台灣萍蓬草依據雌性花藥傳粉的媒介，為蠅類、金花蟲、甲蟲及蜻蛉目昆蟲。二○○五年四月十日，我在這座四十平方公尺的人工池塘中看到八種，共計二二八隻蜻蛉目昆蟲破殼而出的水蠆殼。其中包括褐斑蜻蜓一五一隻、麻斑晏蜓二十五隻、杜松蜻蜓二十二隻、不明豆娘十四隻、大華蜻蜓六隻、環紋琵蟌五隻、猩紅蜻蜓三隻及慧眼弓蜓二隻。

「你看蜻蜓的英文名字叫做dragonfly，飛翔的時候是飛龍在天，但是我就是喜歡易卦之乾卦初爻：潛龍勿用。」我指著在燈心草上搖曳著的蜻蛉目的水棲幼蟲水蠆殼，笑著對我的夥伴吳聲昱說。

吳聲昱向來有「田中博士」的雅號，他在新竹新埔的大茅埔自家田中，種植了三百種水生植物。我們以近生態工程，用迴流水路及水流高低等落差工的原理，達到水質淨化的效果。然而，我運用生物指標評估營造效果，雖然營造出蜻

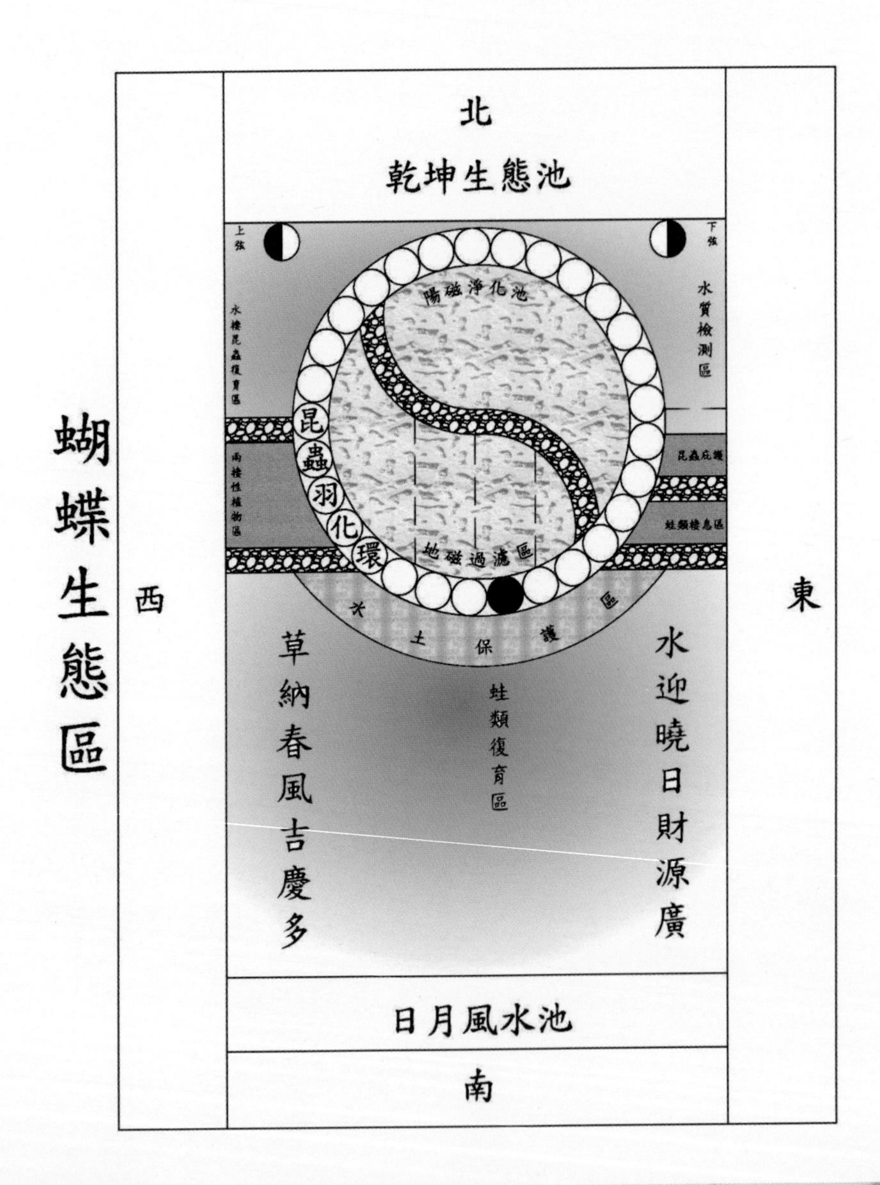

營造太極池的繪圖
繪圖／方偉達

蛉破翅羽化後的近生態模擬條件。但是隨著梅雨季節來臨，從工業區不斷湧入的泥水，沖進我們的太極實驗池塘，發現褐斑蜻蜓還是太多，這種蜻蜓因為可以忍受較為污濁的環境，然而佔了太極池中百分之七十的褐斑蜻蜓數量，讓我開始思考工業區旁復育台灣萍蓬草棲地的困境。

再覓復育地，碰到「小馬哥」！

在營造太極池後，我的博士論文如虎添翼，二〇〇四年十二月一日，博士論文順利在德州農工大學通過之後，但是人生波瀾卻一波波湧起。

二〇〇五年初，父親在深夜因為追垃圾車發生車禍進行腦部手術；吳聲昱的妻子病逝，在電話那頭我經常聽到吳太太疼痛呻吟的聲音；吳太太過世出殯的當

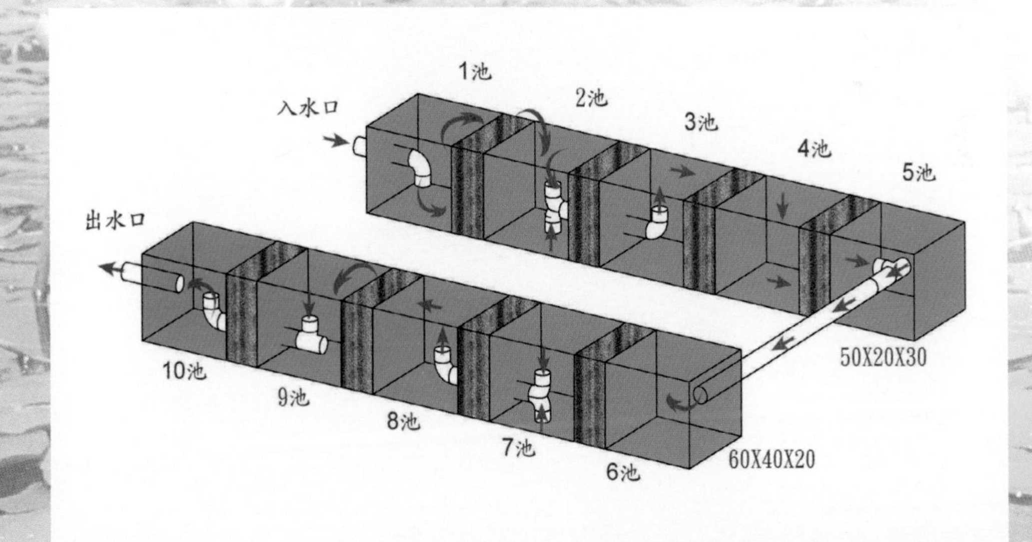

進入太極池的污水都經過水文循環
繪圖／方偉達

天，我搭車回台北下車時被車子拖行，撞到窗台，額頭裂開血流如注。接著二〇〇六年因為在環保署因環評案件壓力過大，身心俱疲，在紅衫軍遊行的當天，離開任職十二年的環保署，接受東海大學景觀系賴明洲主任的邀請，到東海大學擔任客座教師；但是在等待專任教師的時刻，賴主任卻因肝癌過世。

「我們回到新埔吧！」在我認為，龍潭購地案既然已經成形，對抗不如轉進到新埔進行萍蓬草棲地營造，那是島田彌市一九一五年在新竹縣所發現的最初地點，也是吳聲昱早年出生長大的地方。從龍潭八張犁翻過平遍山，經過三和村轉往新埔路，接著就是新埔了。我在林試所植物標本館找到島田彌市一九一五年採集的模式標本，枯黃凋落的葉片，已經讓人很難想像萍蓬草當時的模樣，資料中註記當年的經度和緯度，也就是所謂的「百年經緯度」。

我邀請吳聲昱進行全球衛星定位的界定，結果發現採集地點竟然在鳳山溪中，吳聲昱二話不說，背著我就踩進湍急的溪水中，尋找最近的定位。後來發現，這個採集地點只是林試所後來隨意註記的經緯度資料，不是台灣萍蓬草當年被島田彌市所採獲的經緯度。

我無可奈何地笑了笑，既然新埔原生棲地找不到，繼續和吳聲昱找尋可以復育的地點，其中包括吳聲昱在大茅埔的水生植物復育中心的水田，還有包括新竹縣蓮花協會理事長曾國渠的水田，也是三千株台灣萍蓬草的最後祕密基地，在復育這段時間，碰到萍蓬草被大量滋生的蓮花黃小薊馬啃食葉片，導致台灣萍蓬草集體枯萎。我和吳聲昱也只有苦中作樂地說：「水蓮最怕小馬哥。」

台灣萍蓬草的春天

寒冬過後，初春季節，人們總是會期待春暖花開的時刻。我們更專心在復育沿著霄裡溪流域的台灣萍蓬草原生棲地中，整體環境復育的狀況，尤其推動龍潭的台北赤蛙和台灣鬥魚的保護。然而，台灣萍蓬草原生棲地逐漸縮減，並非一時、一地所致，而是因為工業發展壓迫原生棲息地的緣故。

在這裡，充滿著客家風情的原生棲地復育環境，一直都是最大的復育挑戰，

台灣萍蓬草

台灣萍蓬草（*Nuphar shimadai* Hayata ）為萍蓬草屬（Nuphar Sm.）植物，屬名Nuphar在希臘語為水百合的意思。台灣萍蓬草以浮水葉為主，浮水葉近於圓形，葉片基部有一個V型缺刻，葉片長約十公分，寬約七公分，葉下方具有絨毛，葉柄自地下莖抽出，伸向水面，其橫切面呈三角形。花瓣與雄蕊相近，雄蕊三十枚，雌蕊柱頭在頂端呈平展盤狀，金黃色的花朵內具紅色的盤狀柱頭。

台灣萍蓬草廣泛分布於北半球的靜水池塘，原生棲地分布地區在台灣過去只限於桃園和新竹等地。

台灣萍蓬草最早是日本園藝學者島田彌市（Yaiti Shimada, 1884～1971，台灣總督府技手、新竹州技師、台灣農會技師）於一九一五年十二月十五日在新竹新埔所採獲，早田文藏（Bunzo Hayata, 1874～1934）在一九一六年出版的《台灣植物圖譜》（*Icones Plantarum Formosanarum*, Vol. 6）中發表為新種，佐佐木舜一（Syuniti Sasaki, 1888～1961）在一九一七年採獲後，六十九年間都沒有官方採集的紀錄。

依據環保署出版的《植物生態評估之特稀有植物圖鑑》，台灣萍蓬草的原生地侷限在桃園縣龍潭、中壢、南崁；但是依據陳擎霞一九八五年到一九八六年在桃園池沼地區水生植物生態研究，她發現只在桃園台地南部龍潭八張犁發現台灣萍蓬草，其他的中壢、南崁等中北部桃園地區，並沒有萍蓬草曾經被採集的紀錄。

台灣萍蓬草　攝影／方偉達

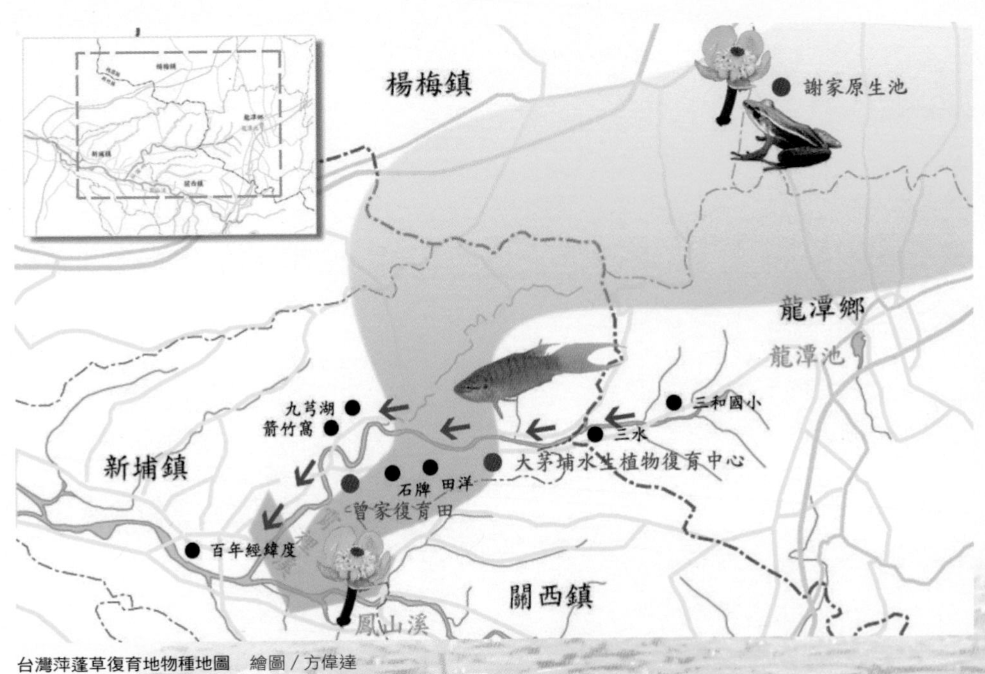

台灣萍蓬草復育地物種地圖　繪圖／方偉達

我們企圖運用近生態工程的方法，從龍潭到新埔，不斷地挽救台灣萍蓬草。同時我也敞開心扉，和龍潭當地的耆宿開懷暢談，他們告訴我說，在一九五〇年代，只要有池塘，就有台灣萍蓬草。由此可見，經濟奇蹟是台灣萍蓬草的剋星，而解鈴還得繫鈴人，讓我們一齊為台灣萍蓬草做點什麼吧！

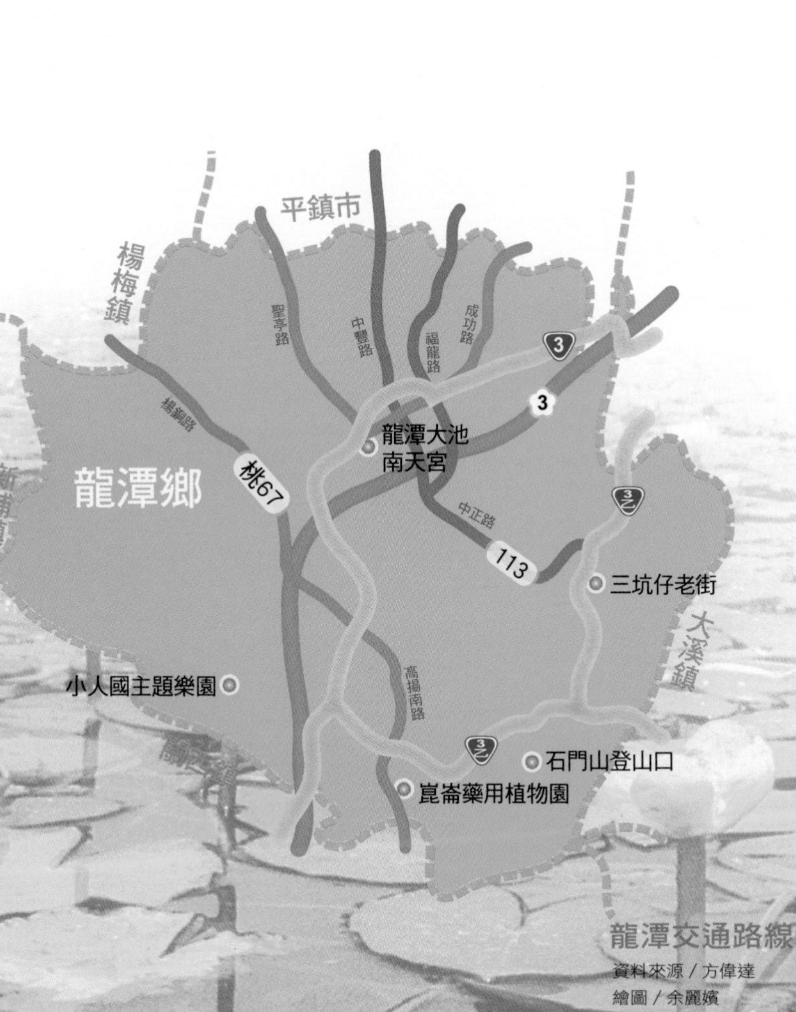

龍潭交通路線圖
資料來源／方偉達
繪圖／余麗嬪

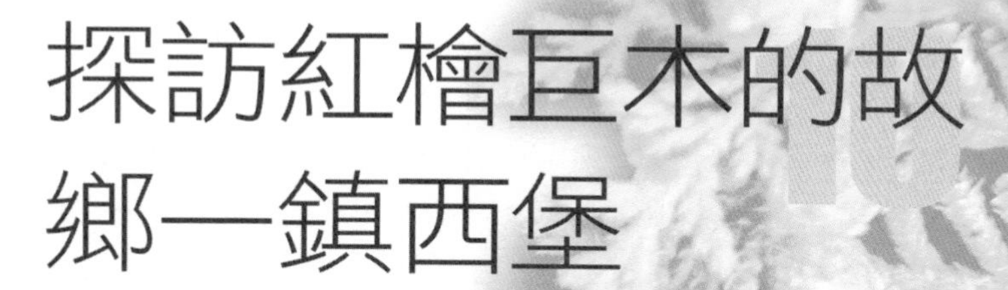

探訪紅檜巨木的故鄉一鎮西堡

我聽過，居住在新竹司馬庫斯的泰雅族人為了捍衛權益，和政府發生齟齬。今年我帶領學生到新竹縣探訪原住民部落，選擇了鄰近司馬庫斯不遠的「鎮西堡」部落。

鎮西堡是泰雅族領袖布塔喀拉霍（Buta-Karaho）在三百六十年前，從南投翻越大霸尖山北麓，在新竹建立的第一個據點。鎮西堡在泰雅族的發音中，指的是「太陽最先照到的地方」。之後，他的族人逐漸拓展到其他的部落，建立起北到台北新店、東到宜蘭南澳、西到新竹霞喀羅的泰雅族人領地。鎮西堡目前只有二百位泰雅族居民，然而這個中高海拔的山谷地帶，是泰雅族在近代歷史中非常重要的根據地。

鎮西堡和司馬庫斯遙遙相對，這裡終年雲霧繚繞，中間谷地為泰崗溪，泰雅族語為塔克金溪。
攝影／方偉達

一趟欣賞巨木群之旅

在出發之前，氣象報告已發布豪雨特報。我們沿著新竹一二〇縣道往內灣尖石方向行駛，進入到田埔向鎮西堡前進，估計約三、四個小時才能到達。鎮西堡位於新竹縣尖石鄉境內，東距宜蘭僅有二十公里，在地理上屬於雪山山脈大霸尖山北麓。受到基納吉山和馬望山的包夾，這裡屬於大漢溪上游泰崗溪的集水區。從最高處基納吉山的二千五百公尺高度向北望去，泰崗溪右岸是司馬庫斯，泰崗溪的左岸是鎮西堡。

從田埔到秀巒，山勢越來越陡峻。我們看到了二〇〇四年艾利颱風與海馬颱風後帶來的許多崩坍地區。大雨過後不斷沖刷下來土石流，形成一個個小瀑布。從秀巒到泰崗的路上，經過秀巒檢查哨，我注意到司馬庫斯和鎮西堡叉路口有一座泰雅族所設立的牌樓。

朝鎮西堡的路上，這裡的植物包括了木荷、毽子櫟、錐果櫟、長尾栲和大葉柯等闊葉林相。沿著泰崗、新光，我們來到了鎮西堡部落的伯樂崌民宿。沿途上，感受到岩盤的脆弱，在山凹土石崩塌的地方，新建的擋土設施，是否能夠擋得住颱風豪雨帶來的土石流呢？

這次到鎮西堡是為了觀察巨木群。巨木過去在日本殖民時代，稱呼為神木，然而泰雅族人卻稱呼神木為巨木。

我關心的是，因為政府近年來積極的推動生態旅遊，一時之間載著觀光客的小巴士、吉普車，甚至是越野機車長驅直入到巨木林道，夜間喧囂的遊客聲音劃過夜空，影響了居民的作息。然而，所謂的「生態旅遊」造成的生態破壞問題層出不窮，因為人為干擾，導致山羌、野豬、白面鼯鼠、深山竹雞、台灣長鬃山羊越來越少。此外，報載鎮西堡的著名巨木「女人樹」在二〇〇二年三月被遊客焚毀樹洞事件，引起了外界的注意。

由於樣區植物高達一五五種，學生在生態旅遊實習的時候，強烈希望來到這裡欣賞巨木群。在台灣大學森林系的調查研究中，此地檜木林的生物量驚人。根據文獻記載，每公頃約有四千八百棵樹木，樹木底面積平均約佔九九平方公尺，在台灣的森林永久樣區的研究中，可說是擁有最大生物量的研究地區。我決定第二天清晨要帶學生觀察巨木生態。

尖石交通路線圖

資料來源／方偉達

繪圖／余麗嬪

尖石鄉曾經是泰雅族人的領地，這裡以尖石聞名。
攝影／陳要忠

這片原始森林，是誰的管轄權？

一九八六年，行政院農委會林務局還沒有禁止砍伐巨木的規定，當林務局砍伐了新竹縣五峰鄉的紅檜時，伐木線逐漸迫近鎮西堡部落，鎮西堡和新光部落族人包圍林務局秀巒工作站，迫使林務局終止砍伐。

二〇〇九年獲得夏威夷大學地理博士的泰雅族官大偉憶及當時的狀況：

「當年鎮西堡部落族人為了維護祖靈的原鄉，以自身肉體和頑強的意志力威嚇林務局官員，你只要砍一棵樹，我就要砍你一條人命。」「更早以前，還有林務局的人被打死的事件。」

「那麼，這裡不就是漢原衝突的引爆點囉？」「不對，這應該是針對自然資源保育觀念的不同而導致的爭議。」

鎮西堡的扁柏多生長於稜線附近，毬果較似球形。
攝影／陳要忠

鎮西堡的檜木森林主要位於基納吉山和馬望山之間，海拔在一千八百公尺到兩千公尺之間。由於正好面對東北季風的迎風面，終年雲霧瀰漫，東北季風夾帶著潮濕的濕氣，孕育了這片蓊翠的原始森林。

在雨量充沛的環境之下，扁柏、紅檜、香杉、紅豆杉和吉野杉等優勢樹種一應俱全，這片檜木森林面積約有五十平方公里，整座森林從桃園縣復興鄉、宜蘭縣大同鄉到新竹縣尖石鄉，與棲蘭山原始林區連成台灣現存最大的檜木林，目前是國有林地的範圍。

「一九九八年，因為行政院退除役官兵輔導委員會決定疏伐枯立倒木，引起了學者對於倒立木是否應該疏伐的論戰，甚至引發了是否應在這片原始林區成立馬告國家公園。」「爭議點在於原住民擔心在國家公園成立後，他們的生計受到影響。」在一九九九年到二〇〇〇年時，部落頭目發動鎮西堡內的居民，合力幫一棵棵巨大的檜木圍起木柵，防止遊客再干擾到檜木。

頂芽狗脊蕨覆蓋在鬆軟的土層之上，冒著朱紅色幼葉。
攝影／陳要忠

檜木林區的林相完整

我們從登山口進到水源地，沿著泰雅族人建造的木梯，朝向檜木群前進。泰雅族導遊告訴我們：「頭目發動青年用枯倒木鋪置登梯，讓越來越多的遊客不致於踩壞巨木的根部。」我不斷地囑咐學生要小心前進，因為道路非常泥濘的關係，已經有不少的同學滑倒。

檜木林區的林相非常完整，層次結構分明，可以區分為五層。最高層的林冠層高度約為三〇到四〇公尺，以紅檜為優勢的樹種。第二冠層較低，樹高約在十五到二十五公尺，以闊葉樹為主，樹種為木荷、毽子櫟、長尾栲、大葉柯、烏心石、昆欄樹、厚皮香、錐果櫟及毛柱楊桐等。中間樹冠高度約為八到十五公尺，生長著黑星櫻、圓葉冬青、霧社木薑子、高山新木薑子及銳葉新木薑子等。

第四層是灌木層，生長著細枝柃木、細葉山茶和台灣八角金盤等植物。我發現這裡長著頗多的台灣八角金盤。台灣八角金盤是特有種，為特有種植物，因為可供藥用，在日本受到重視，被稱為庭院下木之王。

在泥濘的草叢中，也不乏青翠欲滴的蕨類物種。第五層是蕨類的天下，我看到頂芽狗脊蕨取代了低海拔的東方狗脊蕨，頂芽狗脊蕨覆蓋在鬆軟的土層之上，冒著朱紅色幼葉，在山雨欲來的悶熱晨間格外嬌柔。在這裡蕨類包含了頂芽狗脊蕨、台灣瘤足蕨、台灣鱗毛蕨、華中瘤足蕨、川上氏雙蓋蕨及斜方複葉耳蕨等。

相對於闊葉樹及草本植物來說，在巨大檜木林下的檜木苗，因為萌發所需要的日照量不足，導致檜木小苗不容易發育。可是，在這裡這五層林相卻配合得恰到好處，檜木苗在林間成長良好。

紅檜的自然更新機制

目前巨木已經被編號完畢，例如十五號是國王神木，三號是夏娃神木，二號是亞當神木。在廣闊的檜木林中，胸圍十公尺以上的神木有二十多棵，六公尺以上的巨木有七十棵，估計約有二百棵巨木生存在這裡。我們駐足在這裡最高的紅檜樹下，仰望高度高達六〇公尺的巨木。

「看這棵女人樹吧，又稱為夏娃樹。」我仰望這棵樹高四十五公尺，樹齡高達一八〇〇歲的巨木。這棵座落海拔一八七二公尺高的巨木，出生於東漢建安年間，和原住民所稱的男人樹「亞當」同時矗立在深谷之中，卻在二〇〇二年間幾乎面臨到燒毀的命運。

「看到那黑窟窿吧。在二〇〇二年三月，因為遊客在女人樹樹洞中烤營火，結果燒了個大黑窟窿。」「經過緊急搶救之後，所有的部落青年每人從溪中輪流背了二十幾公升的溪水澆灌後，花了十六個小時的時間才將火勢撲滅。」

導遊後來強調說，鎮西堡的居民對於溪流保育觀念也相當有名。社區居民透過公共會議，達成鎮西堡河川保育的共識之後，到野溪源頭施放魚苗，以復育魚類。

這時天空閃電隆隆，豆大的雨點從天而降，我們在檜木林下，濃密的樹蔭替我們遮擋雨珠。我突然腦袋裡浮現出為什麼這裡是巨木紅檜樂園的答案。這裡山坡地崩坍，是紅檜不斷產生新陳代謝的機制。樹木倒塌後，原本蓊鬱的森林可以看到穹蒼；加上日照量增加，檜木的種子可以利用倒下的巨木，藉由舒適潮濕的溫床繼續發芽成長。

紅檜木主要的更新機制，是台灣頻繁的颱風洪水所帶來的土石崩坍，造成巨木陸續倒下，而讓第二代、第三代的紅檜，得以不斷地依附在枯倒的紅檜上生存。在數千年的時間洪流中，學者終於了解到大自然的更新機制，而不需要刻意砍伐檜木，強調人為的更新機制。

然而，在二〇〇二年「台灣生態旅遊年」的當年，隨即發生巨木被燒毀的事件，成為鎮西堡泰雅族人心中無法彌補的遺憾。

夏娃樹樹高四十五公尺，樹齡一八〇〇年。

攝影／陳要忠

合歡山與泰雅晏蜓的夏日

11

我在年輕的時候，是馬拉松跑者，參加過合歡山馬拉松。從小風口經過昆陽，經過亞洲海拔最高的台十四甲線公路向合歡山頂奔馳。那時，征服山脈是我的夢想。

還記得十六歲時，背個小登山背包朝三八八四公尺高的雪山邁進；過了十年，到了二十六歲，山區路跑計畫已經完成，我在空氣稀薄及紫外線曝曬下的海拔三〇〇〇公尺的合歡山上，享受二十一公里的競速奔跑，以及肺部空氣稀薄的感覺。三十六歲那年，冒著星夜風雪追逐的危險，以二天半的時間，一個人獨自以時速一三〇公里的速度，開了三三〇〇多公里翻過阿帕拉契山脈，從美國東岸的波士頓開到南方德州的休士頓。到了休士頓，才知道沿途追逐我的暴風雪，已經完全覆蓋公路，沿線中許多車輛在冰雪皚皚下翻覆。

在不斷的奔跑和追逐中，我的哥哥方偉光告訴我說，三三〇〇公里用兩天半開車走完，不是偉大的旅行。那時候小侄子方承翔才一歲半，他說翔翔長大以後，要帶他走一趟「偉大的旅行」。我想，偉大的旅行，是到很遠很遠的地方，可能是心靈中的白山黑水。也就是邊看邊走，學學詩人「何妨吟嘯且徐行」、「萬物靜觀皆自得」，然後驀然覺悟「見山又是山，見水又是水」吧。那也就是作家余秋雨在大江南北旅行所看到的東西，那種旅行的感覺，很溫潤。

合歡山的箭竹草坡，是泰雅晏蜓的原生棲地。
攝影／方偉達

一條與軍人息息相關的路

合歡山一直是我想回來看的地方，不只是因為我在這裡曾經忘情的奔跑，而是我一直未曾駐足，好好欣賞高山原野的關係。

合歡山以東這條越嶺公路到處是原住民抗日的遺跡，而中橫公路也在原住民拓墾、日軍運送軍需、國民政府發展經濟的因素下，由廣義的軍人（原住民戰士、台民軍伕和外省退伍軍人）在時代的需求下建造完成。

這條公路和軍人的生命息息相關。

我站在合歡山莊前，思考這段血淚斑斑的歷史，凝視眺望著鈴鳴山、南湖大山、中央尖山和奇萊大山。在合歡山上，只要您願意，站在三四一七公尺的主峰高度，南可遠看玉山山脈，北可遠眺雪山山脈，東方則有中央山脈群山環繞，如奇萊大山。黝黑沈鬱的奇萊大山，也許很難想像人世間朝代的替換，就如同奇萊山的詭譎莫測。

在夏天，很難想像這裡冰雪封天與人車雜沓的畫面。在冬天，從蘭陽溪谷灌進來的東北季風，夾帶著蘭陽溪及立霧溪的水氣，遇到合歡山受到阻攔緩緩上升，凝結成結晶而下降，形成亞熱帶台灣難得見到的冰雪世界。但是，屬於南湖山系的合歡山似乎是寒冷生態系中的邊緣，也是冰雪融化的東界，二月的時候合歡山西邊低矮山脈的冰雪早已消融，但是合歡山群峰，從北峰、東峰、主峰到合歡尖山仍然籠罩著冰雪。

泰雅晏蜓是台灣特有種？

這次從埔里進入中央山脈，從中部橫貫公路台十四號線經霧社，彎進十四號甲線公路的目的，就是在這裡古稱「雪鄉」的地區，尋找一種以「泰雅」為名的高山晏蜓。

一般蜻蜓在平地，平均壽命只有一年。然而本地卻有一種特有亞種蜻蜓叫做「泰雅晏蜓」（*Aeshna petalura taiyal* Asahina），據說壽命可以長達三年。根據

水池畔箭竹是水蠆羽化的附著處
攝影／方偉達

泰雅晏蜓從水蠆羽化到成蟲的失敗率很高
攝影／方偉達

在合歡主峰、北峰和東峰圍繞的谷地生長翠綠色箭竹草坡。
攝影／方偉達

農委會特有生物研究保育中心林斯正長期觀察的結果，這種晏蜓分布在海拔一五〇〇公尺以上的山區，為台灣分布海拔最高的蜻蛉目、晏蜓科昆蟲。

泰雅晏蜓體長可以超過七公分，雄蟲胸部具有黃綠色帶，複眼為藍綠色，腹部有藍色斑紋。牠們生活在山區的池塘、沼澤，習性機警，不容易被發現。

一九三八年日本昆蟲學者朝比奈正二郎（Syoziro Asahina）在南湖大山稜線進行昆蟲採集，後來在嘉羅山泰雅族Mururoahu部落（現在的宜蘭縣大同鄉）附近找到這種體型龐大的高山晏蜓，就依據發現地原住民的發音「泰雅」（Taiyal），原意是「真人」或是「勇敢的人」的意思，取名為「泰雅晏蜓」。

朝比奈正二郎在發現泰雅晏蜓的時候，認為是台灣特有種，但是他在一九八三年時，更正了他的想法，認為泰雅晏蜓是因為地理區隔的關係，演化成的大陸亞種。因為在一萬八千年前的冰河時期，海平面下降了一百公尺，許多中國大陸的生物為了要避寒，從海平面下降形成陸地的台灣海峽進入台灣，包括泰雅晏蜓的祖先。而在上一次的冰河時期結束後，地球暖化，溫度的上升造成台灣海峽海水的淹沒，許多來到台灣的高山物種，成為冰河時期結束後的孑遺生物，就如同不同時期來到台灣的民族一樣，形成馬賽克（mosaics）般的斑塊狀（patchy）分布。

那麼，泰雅晏蜓在歐亞大陸上還有親戚嗎？由於在亞洲屋脊喜馬拉雅山麓的尼泊爾、不丹、孟加拉、印度東北部還有大陸種（*Aeshna petalura petalura* Martin）的存在，這些大陸晏蜓唯一和泰雅晏蜓不一樣的形態是尾毛的大小和形狀。

泰雅晏蜓與天然濕地

我的專長不是在蜻蜓，而是在濕地的營造。與其説我對蜻蜓產生興趣，毋寧説是我對台灣棲地的破壞，產生對生命的衝擊而感到憂心忡忡。從合歡主峰東北望下去，合歡山莊像是二行紅色積木躺在合歡尖山的山腳下，合歡尖山爬山的登山客絡繹不絕，大大小小的車輛將整個山谷擠得水泄不通，而觀光客也很難想像這裡是泰雅晏蜓的重要棲息地。

為什麼泰雅晏蜓喜歡居住在這裡呢？

原來在合歡主峰、北峰和東峰圍繞的谷地生長翠綠色箭竹草坡鋪面，大片的草坡綿延了幾十公里，加上冷杉形成的不規則形態的斑塊，構成了特殊的生態環境。在這裡，由於地質是由第三紀泥質沉積岩組成，屬於硬頁岩和板岩帶，質地容易剝落，經過風化和剝蝕作用，冬季積雪融化後形成一個一個的天然水窪濕地。

泰雅晏蜓雌蟲在春夏交會的季節，在海拔二〇〇〇公尺以上的池沼邊的箭竹草叢或枯木下的苔蘚產卵，之後水蠆在濕地中成長。大約在四月之後，成蟲的泰雅晏蜓朝向中海拔的山區飛翔，一直到七、八月，都是泰雅晏蜓破殼成蟲的季節。在台灣，牠們分布從宜蘭到高雄的山區，可以說沿著中央山脈軸線向南拓展，但是分布相當零碎；而從水蠆到成為成蟲，成蟲後交配返回高地的產卵行為，以避免幼蟲提早孵化受到冬天的寒害。這是泰雅晏蜓自冰河時期結束以來，在台灣山地學習到的拓殖行為。

蜻蜓學者石田昇三認為，泰雅晏蜓從水蠆羽化到成蟲的失敗率很高，一般晏蜓在夜間羽化，全程大約需要四個小時，從夜間十點鐘開始，到次日凌晨兩點鐘完成，過程可說極為艱辛。而泰雅晏蜓生存區域年雨量平均在三〇〇〇公釐以上，平均溫度在攝氏六度以下，可以說是生存環境受到溫度和海拔的影響。

從箭竹草原望去，遠方的層巒疊嶂，蓊綠的台灣冷杉和箭竹鑲嵌，形成層次分明的稜線。玉山杜鵑、紅毛杜鵑散落在箭竹草原間，形成零星的斑塊，而玉山圓柏盤據在遠方的山峰上。

我仔細觀察泰雅晏蜓的水蠆在池內緩緩移動，夏天的水溫仍然很低，但是水質呈現酸性，池水呈現渾濁的紅茶色，有許多懸浮的草本腐植質。我注意到泰雅晏蜓蛻殼的狀況並不好，其中蛻殼一半還沒有成功的泰雅晏蜓殘骸還懸吊在枯枝上，在生態美學的角度上來看，映照到渾濁的池面上顯得格外的冷豔與淒美。

為什麼叫「合歡山」？

「合歡山為什麼要叫做合歡山呢？」這有一段民族壓迫的故事。

翻查中央研究院的近代史描述，自十七世紀末至十九世紀末兩百年間，因為漢人經營大肚溪流域的土地已不敷使用，進而壓迫到泰雅族原住民的生存。泰雅族受到祖靈的啟示，為解決耕地缺乏、便於狩獵，並避免敵人侵擾，其中有一支賽德克人沿著雪山山脈的餘脈，進入烏溪上游的中央山脈，分布在霧社以東的地區。

他們遷徙時，越過寒冷的合歡山，沿著立霧溪以東鑿開山路，那就是「合歡越嶺道」。後來他們發現立霧溪河階台地，是良好的居住地點，於是西到霧社，東到太魯閣峽谷，就成為泰雅族原住民繁衍的地區。相對於留在霧社的賽德克人，遷往花蓮的泰雅族原住民，稱為東賽德克人（太魯閣族），共計有九十七個部落。

因為受限於生存環境，泰雅族人為避免居住地點受到山崩和土石流侵擾，留傳下來的生存法則，認為四種地方不能居住：一是不能距離河道太近；二是不能居住在山溝；三是有出水的濕地；四是土質鬆軟土地。

到了一九一四年，日本人已經統治台灣十八年，為了解決台灣中北部經常反抗的泰雅族人，曾經在牡丹社事件立功的台灣總督佐久間左馬太（Sakuma Samata）制定「五年理蕃計畫」後親自督戰，發動著名的「太魯閣之役」。日軍由埔里入山，會合從花蓮登陸的民政長官內田嘉吉所率領的日警，總共二萬多人攻打泰雅族人九千多居民，其中有武力的原住民才二千三百人。

佐久間總督在蜿蜒的山區指揮攻打了一個夏天之後，原住民以一當十，對抗日軍大砲機槍等現代化武器，雙方死傷慘重，到了現在原住民傷亡數目還難以估計；而這場所謂的「理蕃事業」，也造成二千二百多名日軍的傷亡。七十高齡的佐久間總督在Selaohuni社附近懸崖墜落而受傷，第二年過世，結束一生以征討殺戮台灣原住民為榮的罪孽。戰事結束後，日軍在這裡慶祝「太魯閣征戰役」的勝利，便稱此地為「合歡」。

佐久間總督

另外有一種說法是，因為這裡是濁水溪、瑞岩溪、合歡溪、畢祿溪和塔次基里溪（「立霧」的日語發音）等五條溪流的發源地，因溪流都源自於合歡山，這裡舊稱為「五港山」，而閩南語「五港」的發音剛好接近日語的「合歡」，日本人將台語翻成日語發音的漢字，就變成「合歡山」的地名。

在佐久間所謂的「理蕃事業」之後，日本人沿著原住民遷移的越嶺道開鑿「理蕃」道路，將道路拓寬，以便運送大砲等軍需品，到了一九三五年，從埔里經過霧社，翻越合歡山之後已經可以通往太魯閣。一九五六年國民政府沿著原有規劃開闢中部橫貫公路，就是沿著這條越嶺道開闢。

到高山湖沼放生？

在二〇〇三年，特地到南投縣集集鎮的農委會特有生物保育中心拜訪過蜻蜓專家林斯正，那時我們的構想就是要大規模調查蜻蜓的棲地，但是後來因為我投入桃園台地冬季鳥類的調查，而未能成行。這次到了合歡山，我想起林斯正的呼籲：「呼籲宗教界及其他喜歡放生的團體，不要再用落後的放生行為來積功德了，在高山湖沼放生是一種生態犯罪的行為。」他發現高山湖泊中不少過去常見的物種，如蜻蜓、豆娘、龍蝨和搖蚊等，已經被放生的魚類捕食殆盡。而我在生態調查中，發現高山原生池沼中，竟然還有廢棄的輪胎，這個池沼在隱密的山崖箭竹原中，距離最近的道路已經有二公里之遙。

合歡山交通路線圖

資料來源／方偉達

繪圖／余麗嬪

黑面琵鷺：戰勝了50/500原則

一九九九年，我參加美國加州大學柏克來校區和台大城鄉所劉可強教授所組成的團隊，在星夜中調查黑面琵鷺的棲地。今年我到台大城鄉所講授「永續城市與區域」，談到黑面琵鷺二十年來數量的變化：

「一九九六年全台的統計數為二五三隻，現在已經突破一千隻；雖然黑面琵鷺的數量呈現非線性的級數增加，但是我們仍然不能掉以輕心。」「富蘭克林和蘇利在一九八〇年在《保育生物學》這本書中提出50/500原則，希望大家注意物種數量降低所帶來的危機。」

我特別談到在一九八〇年首先被生態學者蘇利所提出的新名詞「保育生物學」的概念。

什麼是50/500原則呢？就是「最小有效而且可以避免近親繁殖，短期間不致於絕種的族群，這種物種數目不能低於五十隻；但是要長期而永續地維持族群，而使得這種動物不至於絕種的有效族群，就必須到達五百隻以上。」

攝影／陳殿原

黑面琵鷺在全球的族群曾經在三百隻左右盤旋，目前列為瀕危物種。在二〇〇二年到二〇〇三年，在曾文溪口曾經發生過肉毒桿菌中毒事件，共造成七十三隻黑面琵鷺死亡，為近年來最嚴重的死亡事件。因為台灣是黑面琵鷺最大的度冬地，使得國際上對於我國黑面琵鷺的保育措施更加關切。

神秘的黑琵歷史

談到黑面琵鷺，最讓人惋惜的是黑面琵鷺的歷史幾乎是個謎，總有一層面紗籠罩，說不清這種鳥類的歷史。

最早的黑面琵鷺是在日本被發現的，由荷蘭人田明克和日耳曼人須雷格發表。田明克（Coenraad Jacob Temminck, 1778～1858）當時是荷蘭設於來登的自然史博物館館長。田明克的父親曾經擔任荷蘭東印度公司財務長，擁有許多東亞鳥類標本，這使得田明克對於亞洲的鳥類感到興趣。他和助理須雷格（Hermann Schlegel, 1804～1884）從日本蒐集到黑面琵鷺的鳥類標本，並且在一八四九年命名為*Platalea minor*。在拉丁文中，*Platalea*是扁平狀的意思，而*minor*是小的意思，他們認為黑面琵鷺在所有琵鷺中，體型算是比較嬌小的。

黑面琵鷺躍上台灣生態史舞台，要到一八六三年（清同治二年）。最早在台灣觀察到黑面琵鷺的人是英國人史溫侯（Robert Swinhoe, 1838～1877）。史溫侯當時是英國駐台南及打狗的副領事，一八六三年他來到北台灣，在淡水河口觀察到二隻黑面琵鷺，一八六四年三月在淡水獵捕到三隻黑面琵鷺及一隻白琵鷺。

到了一八九三年，專程來台蒐集鳥種的英國鳥類學者拉都希（John David Digues La Touche, 1861～1935），在中國海關任職期間，從廈門專程來到台灣台南旅行。他搭船遠眺安平附近海岸時，描述說：「許多岸鳥在沼澤地，一群白鳥佇立更遠的地方，好像是琵鷺，但是距離太遠了，實在是無法確定。」

到了一九三八年，日本博物學者風野鐵吉觀察到安平港附近有五十餘隻黑面琵鷺在沙灘棲息。然而，黑面琵鷺在近代鳥類史中，好像就此銷聲匿跡了，直到一九七四年顏重威和陳炳煌教授才在曾文溪口紀錄到黑面琵鷺二十餘隻。這段時間，黑面琵鷺的數量為何？是不是低於蘇利所提的在五十隻以下的瀕危門檻呢？那又是什麼原因造成它們急速的消失呢？這個問題一直是許多學者想要解決的生態史問題。黑面琵鷺歷史的斷層，正需要學者來彌補。

韓戰：黑面琵鷺是最大輸家

我曾經詢問過我的大哥台大醫學院方偉宏教授，他擔任過亞洲鳥盟副主席，在一九九九到二〇〇三年這五年中的寒假，自己掏腰包，從台北搭機冒著寒風到

黑面琵鷺

屬鸛形目、朱鷺科，全長約八〇公分，冬天羽毛純白；夏天羽冠和胸羽為黃色。黑面琵鷺有明顯的眼線，和嘴基相連為黑色，長約二〇公分。嘴長且平直，末端擴大成匙狀，成鳥時期顏色為黑色，亞成鳥嘴稍成肉紅色，並且隨著年齡增長而逐漸變成黑色。黑面琵鷺棲息於湖泊、沼澤、沿海礁岩或灘地。繁殖期為每年的五月到七月，但常常三月到四月就來到韓國外海的繁殖區。

黑面琵鷺營巢在海岸懸崖上，巢枝由幹樹枝和乾草構成。每窩產卵為四到六枚，卵是白色長圓形，上面有淺色的斑點，孵化期大約需要三十五天。幼鳥長大以後，隨著親鳥於九月到十月離開繁殖地，前往度冬區，如台灣的曾文溪口、香港的米埔、廣東的福田、廣西山口紅樹林、海南島的東港寨、越南的紅河口和河口灣等地。

台南曾文溪口為全世界最大的黑面琵鷺度冬棲地，其次為香港的米埔及越南紅河口等地。在台灣，當地居民暱稱黑面琵鷺為「撓抔」、「黑面撓抔」、「黑面仔」或「黑面鳥仔」。

韓國江華灣的仁川地區，農民剛好在水稻田中播下秧苗，形成琵鷺最好的覓食區。圖左為大白鷺，圖右為黑面琵鷺。

攝影／方偉宏

越南（北越）的紅河口，協助國際鳥盟進行黑面琵鷺的調查，在那兒每年冬季平均可以觀察到五十多隻的黑面琵鷺。

「黑面琵鷺過去的記錄很少，這有可能是美軍登陸韓國打韓戰時造成的。」方偉宏教授說。

他為了要調查黑面琵鷺在韓國的狀況，到過韓國仁川等地尋找黑面琵鷺的蹤跡。

根據文獻記載，黑面琵鷺最主要的繁殖地，位於朝鮮半島北部平安北道和平安南道，以及北朝鮮（北韓）和韓國（南韓）兩國交界「三八度線」江華灣沿海的島嶼上。這些島嶼包括江華灣外海的石島（Sokdo）、畢島（Bido）和愈島（Udo）等島嶼，少數黑面琵鷺族群會朝向遼寧外海的石城島，或是更北方的東北亞前進。而在九月到十月遷徙期間，牠們會出現在中國東北的松花江、鴨綠江及山東沿海，經過江蘇、浙江、福建、廣東、香港、海南島及台灣，並且飛抵越南，直到第二年三月才陸續北返「三八度線」沿海的島嶼棲地。這些沿海島嶼在峭壁中長著灌叢，吸引了黑面琵鷺在此繁殖。

為什麼黑面琵鷺族群遞減，和韓戰有關係呢？

一九五〇年六月二十五日，韓戰（1950～1953）爆發，北朝鮮跨越三十八度線，向南韓進攻。一九五〇年九月十五日，美軍將領麥克阿瑟利用江華灣航道狹窄，潮漲大的特徵，向仁川登陸。仁川是江華灣的港口城市，坐落在漢江口南側，和韓國首都首爾相差四十公里，是首爾的外港。美軍艦炮和B-29飛機猛力轟炸首爾和仁川，先對仁川港外海的島嶼實施猛烈砲擊和轟炸。南韓和美軍海軍陸戰隊越過佈滿地雷的泥濘沼澤地，然後攀著梯子爬上峭壁，並且佔領了距離仁川一公里遠的月尾島（Wolmido）和鄰近島嶼。

兩天的空襲和來自巡洋艦、驅逐艦上的砲擊，摧毀了北朝鮮的許多峭壁陣地。這些峭壁島嶼都是黑面琵鷺繁殖的地區，然而，這場奇襲摧毀了牠們的繁殖區。當潮水重新上漲時，美國海軍第一陸戰師在仁川港南北兩翼突擊上岸。

這場戰爭在韓國人之間留下了一道寬闊的鴻溝，也使得黑面琵鷺經歷了一場戰爭浩劫。

黑面琵鷺在每年九月底到十月初的時候，由五歲以上的成鳥帶領當年出生的亞成鳥，從繁殖地沿著濱海島嶼在夜間往南遷移，例如來到台灣曾文溪口度冬。這段旅程成鳥有時只需要短短的六天就可以達成，全程距離約為一七〇〇公里。一九五〇年九月十五日，黑面琵鷺在繁殖區還在準備向南遷徙中，但是許多剛出生的亞成鳥還沒有來得及離開，和人類一樣喪生在砲火的轟擊下。

諷刺的是，一九五三年南北韓在板門店簽訂停戰協議，雙方在橫貫朝鮮半島三十八度線的非軍事區劃設嚴禁一般人民進入的區域，這條狹長的區域，卻形成黑面琵鷺最佳的庇護環境。每年五月底到六月初，黑面琵鷺會回到這裡，這時江華灣的仁川地區，農民剛好在水稻田中播下秧苗，形成琵鷺最好的覓食區。在台灣覓食鹹水魚類的黑面琵鷺，回到韓國繁殖地，在農田中改吃淡水泥鰍。

黑面琵鷺數量增加中

二十世紀中葉的韓戰，隨著冷戰、蘇聯解體和中國改革開放，逐漸遭世人淡忘。但是進入二十一世紀以來，隨著黑面琵鷺棲地水域污染日益嚴重，以及棲地破壞、獵捕等因素，牠們依然名列為瀕危物種。國際上不斷針對保護黑面琵鷺的棲地提出呼籲，國內如王穎、王建平、翁義聰等教授，在國際上發表期刊，描述黑面琵鷺遷徙方式及預測未來數量。

經過十多年的調查發現，一九八九年以來，亞洲各國的黑面琵鷺不到三百隻。一九九九年約為五百隻，二〇〇一年為約七百隻，二〇〇七年調查統計數據是1695隻。

「黑面琵鷺的存活率很高。」方偉宏描述在韓國繫放的黑面琵鷺孵化後第一年的亞成鳥，同一時間曾經在沖繩及越南都被發現。但是同屬保育類的美洲鳴鶴（Whooping Crane），就沒有黑面琵鷺那麼高的存活率了。

「當年黑面琵鷺和美洲鳴鶴都只有二百多隻，但是美洲鳴鶴復育到現在，估計二〇〇七年底最新的調查數據也只有266隻。」我突然腦海中又浮現了保育生物學50/500原則。

台南曾文溪口，為全世界最大的黑面琵鷺度冬棲地。
攝影／方偉達

濕地與黑面琵鷺

二○○七年十二月，台南曾文溪口濕地及四草濕地，被內政部營建署評選為國際級的重要濕地，這裡曾經是古台江內海地區，在二○○七及二○○八年間調查到超過一千隻的黑面琵鷺。二○○八年是「國家濕地年」，黑面琵鷺度冬的保育狀況，格外地受到國際矚目。

現在黑面琵鷺已被列為東亞各國最重要的研究和保護對象，東亞各國並擬定了一項「保護黑面琵鷺的聯合行動計畫」，其中首要任務就是針對黑面琵鷺的繁殖地、遷徙停留地和度冬地區加以完全的保護，杜絕不利的濕地移轉，並且禁止民眾獵捕。

未來學界要攜手合作研究牠們的遷徙生態，以了解牠們在全世界的分布狀況，才能進行進一步的保育工作。

黑面琵鷺在邁入二十一世紀時，跨越了「50／500原則」中五百隻的高門檻。每年冬天，我常來曾文溪口欣賞黑面琵鷺的英姿。然而，我看到牠們白天休息，黃昏以後，才開始覓食活動，大夥兒將長而扁平的喙部伸進水中盡情地舞動，海天一色配上白裳舞衣，形成近年來對於台南海岸濕地美麗的集體記憶。

台江國家公園交通路線圖

資料來源／方偉達　繪圖／余麗嬪

尋找台南大灣 13

「台灣在那裡？」這學期研究所開課，我給學生拋出這個議題，學生訝目以對，不知道我為什麼會問這個問題。

「台灣不是在我們的腳下嗎？」學生面露疑惑。

「喝台灣水，吃台灣米，啥米不知台灣在那裡？這也是我們在台灣受正規學校歷史和地理教育最大的問題。星期六台南大學開研討會，我們去尋找真正的台灣。」

台南大灣遺跡　攝影／何一先

台灣？埋冤？外來者？

明朝中葉之後史書稱台灣為「東蕃」，如何喬遠的《閩書》、陳第的《東番記》及《明神宗萬曆實錄》都有類似的記載。但是民間稱呼台灣的名稱，令人眼花撩亂。其中，台南地區的「大員、大圓、台員、大灣、台窩灣、台江灣」，然而「大員」、「大圓」、「台員」或「大灣」的閩南語發音都近似「台灣」。

當時一鯤鯓島（古安平鎮，現在的台南安平）居住的西拉雅族平埔部落社名，漢語發音即是「台灣」。然而，當十六世紀外來的船隻進入一鯤鯓島時，平埔人大喊Tayouan或是Taiwan，意思是「外來者」（intruder），於是漢人不明所以，以訛傳訛，到了十七世紀，這個登陸地點久而久之成為台灣全島的稱呼，明朝萬曆年間官方正式啟用「台灣」這個名稱。

連橫在《臺灣通史》中則認為：「台灣原名『埋冤』，為漳、泉人所號。明代漳、泉人入台者，每為天氣所虐，居者輒病死，不得歸，故以埋冤名之。」「埋冤」的閩南語發音與「台灣」的閩南語發音近似，應是漳、泉人針對台灣島內環境惡劣，有去無回的戲謔附會用語。如果台灣的原意是「外來者」的意思，自稱「台灣人」可能意味著自稱自己是「外來的侵入者」，那麼，平埔人還真是說對了。

「大灣」究竟有多大？

我站在古稱「台灣」的安平，望著安平古堡的所在地，遙想當年這裡是巨鯨狀平行海岸線的沙洲，也就是「一鯤鯓」。滄海桑田，當地表不斷進行營力作用，海洋被淤積的泥沙填滿後，形成了「海埔」，也漸漸形成了陸地。根據史書記載，一八二三年（清朝道光三年）七月台灣西南地區發生颱風豪雨，曾文溪主流挾帶大量泥沙，由蘇厝附近沖入台江內海中，造成台江內海迅速淤積，海岸線向西推移（右圖）。

一八二三年（清朝道光三年）七月之後海沙突然漲起，港口泥沙淤積，導致船艦不能出入，到了十月以後，北自曾文溪口，南到府城小北門外，東自洲仔尾海岸，西到鹿耳門內，原來浩瀚海水處堆積沙磧，形成了海埔新生地。一八二七年（清朝道光七年），「按察使銜分巡台灣兵備道」（台灣地方最高長官，又稱「台灣道」）孔昭虔招募當地人開墾台江內海的海埔地，到了十九世紀末，台南地區已經不見大灣。

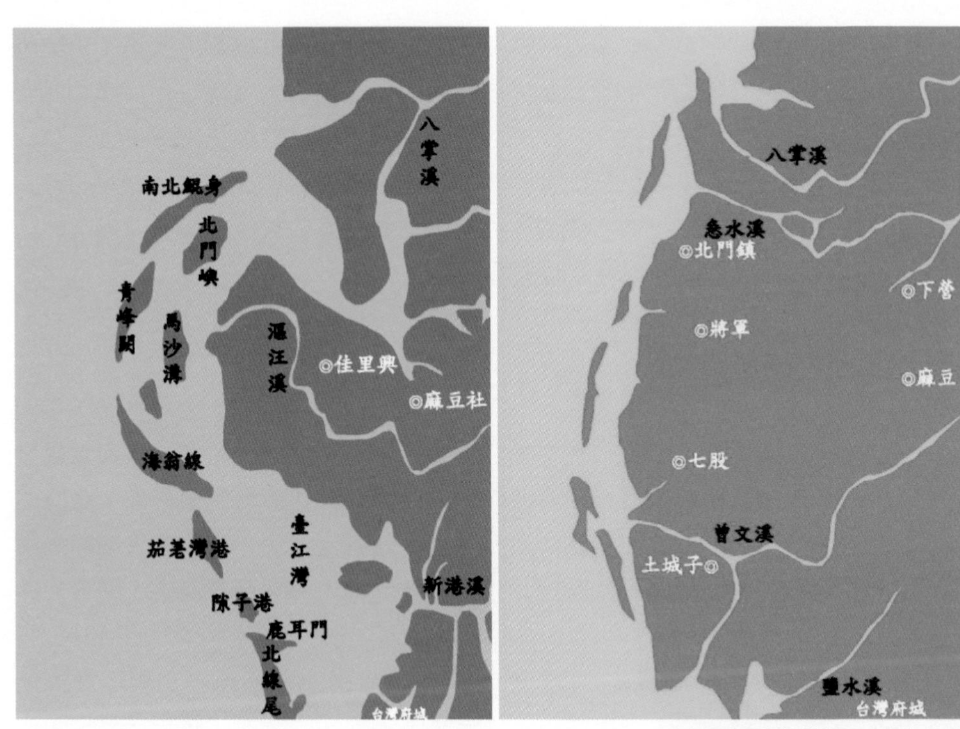

古台南地區海岸地形圖，左圖為十八世紀中葉的台南大灣，包括台江灣及倒風內海，內海面積約為三二三平方公里；右圖為十九世紀末的台南地區，已經不見大灣。

提供／方偉達

「老師，當年的大灣有多大呢？又有多少面積形成陸地呢？」

我告訴學生說，一七四七年（清朝乾隆十二年）范咸編纂《重修臺灣府志》還認為大灣（台江）灣口遼闊：「台江在縣治西門外，大海由鹿耳門入，各山溪水匯聚於此。」「南至七鯤身（鯓），北至蕭壟、茅港尾。」一七五二年（清朝乾隆十七年）王必昌依據范本編修《重修臺灣縣志》，又說：「台江在縣治西門外。汪洋浩瀚，可泊千艘。南至七鯤身（鯓），北至諸羅之蕭壟、茅港尾，內受各山溪之水，外連大海。」

顯示到了清朝乾隆年間，距今約為二五〇年前還初具海灣的規模。判別古代輿圖，發現十八世紀中葉台江灣澳中期濱海陸地面積有四九九平方公里，十九世紀末台江灣澳末期陸地面積增加到八〇四平方公里。現在，濱海陸地面積則擴增到八二二平方公里，意思是從十八世紀中葉到了現在，已經有三二三平方公里海水面積形成了陸地，是現在七股潟湖面積的二十八倍大。如果以荷據台灣時，大灣水深六公尺左右來計算，四百年間將近有十九億立方公尺泥沙填入大灣，包含台江灣及倒風內海，才能形成台南現在的土地。

海岸變遷的假說

二〇〇七年土地研究學術研討會議在台北大學召開，談到城鄉治理與永續發展，我大膽地提出台南地區海岸變遷假說。認為地質時代古台南東半部，應該類似桃園台地屬於突起高埕，西半部向海岸傾斜，隔著台江灣，也就是大灣與外圍的沙丘形成內海。但是因為侵蝕及重力作用，造成泥沙沖積到海灣中，導致大灣逐漸消失了（右頁圖）。

「本區屬於第四紀沖積層，由粉砂、黏土、砂及土壤組成，主要以壤質細砂、砂質壤土、砂質黏壤土等構成。」「那麼海中沙源從哪裡來呢？每年台南地區沙源是由於颱風所帶來的豪雨，沖刷到海域而來。」我以較為學術的口吻說出大灣消失原因假說。

那麼，古代灣澳的位置在哪裡呢？十七世紀到十八世紀台江內海，約在古曾文溪（今將軍溪）到二仁溪出海口間，被海濱外的沙洲，如北線尾（Baxemboy，北汕尾）、一鯤鯓到七鯤鯓等所包圍。十九世紀時，許多海濱浮覆地已經浮出，大灣從灣澳變化為陸地，歷經約二〇〇年時間。

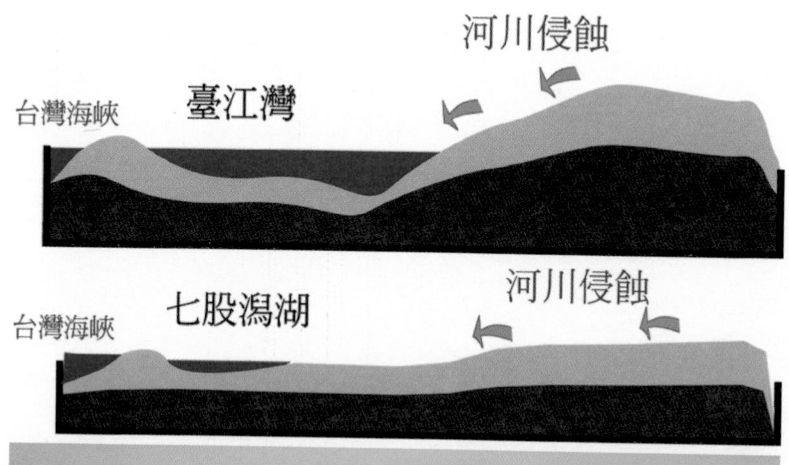

台南地區自然環境之變遷，經過許多次的海進與海退，造成沿海許多潟湖、海岸溼地和沙洲。上圖為地質時代古台南的濱海地形；下圖為現在台南濱海的地形。
提供／方偉達

古稱台灣的安平，也就是「一鯤鯓」。
攝影／方偉達

鄭成功與大灣

在不斷追尋台南的遺跡時，從台南大學到台北大學的學術研討會，我帶領聽眾想像大灣當年浩瀚的模樣。如果台江大灣不夠浩瀚，鄭成功軍隊如何渡過鹿耳門，進入台灣呢？荷蘭人佔據大灣時，在北線尾、赤崁（Saccam）等地建築城堡和商館。後來建築普羅民遮城（Provintia）和熱蘭遮城（Zeelandia），也就是現在的赤崁樓和安平古堡。普羅民遮在荷蘭文是省（Province）的意思，意思是荷人紀念其國家獨立時的七省聯盟。

據說當年赤崁樓旁是浩瀚的灣口。我沿著赤崁街、正義街、永福路與民權

四草漁港看盡台南的繁華落盡　攝影／方偉達

路，查證當時地名普羅民遮城、烏鬼井、大井頭等地的位置。當年海灣遼闊，明鄭時期《臺灣軍備圖》不是有很清楚的描述嗎？台江內海「一帶可拋泊船千百隻，但北風時其船甚搖擺，至承天府前尚有一里淺地，若海水大潮則直至承天府前。」

承天府就是現在的赤崁樓。鄭成功決定征討台灣時，砍掉金門蓊鬱森林中的巨木建造戰船，在一六六一年率將士二萬餘人，從鹿耳門進入台灣，就在北線尾登陸。根據史書記載，鄭成功率軍進入大灣之前，在澎湖遇到暴風。一六六一年陰曆三月三十日晚，他親自率領船隊冒著暴風雨橫渡台灣海峽。在四月一日凌晨趁著潮水大漲時，航行到鹿耳門港外。鄭成功先換乘小船，由鹿耳門登上北線尾沙洲勘查地形，這個位置據說就是現在的鹿耳門天后宮。

鄭成功登陸後，以優勢兵力奪取荷蘭守軍薄弱的普羅民遮城（赤崁樓），接著圍困熱蘭遮城，經過九個月的苦戰，迫使荷蘭人投降。根據現有的文獻及輿圖記載，鄭成功進入台灣時的「大灣」，被海濱外圍的北線尾、一鯤鯓到七鯤鯓等沙洲包圍，海岸線大致沿著五公尺等高線而形成。

然而明鄭之後，海岸線向西推移，從赤崁、大井頭和將軍祠所構成的縱線，推向現在的台南市西門路。這個時期的大灣內沙洲，自北而南主要有三座：東西橫向突出於海峽的茄荖灣、北線尾和一鯤身。

人為開發·淤積加速

一七二〇年（清朝康熙五十九年）陳文達在《臺灣縣志》記載：「開闢以來，生聚日繁，商賈日盛，填海為宅，市肆紛錯，距海不啻一里而遙矣！」到了清朝雍正年間以後，來台漢人利用海埔新生地從事墾殖及製鹽。當時海港大井頭（永福路）的南河港，也成為陸地。一八四二年（清朝道光二十二年），台江內海又發生湧潮，潮退後形成沙洲，原本府城西門外海口的渡船頭，與安平鎮連為一片陸地。

到了十九世紀時，台南地區許多海埔新生地已經浮出而成為圍墾地，並在連年暴雨的沖積下，台江內海終於淤塞成為陸地。查閱一九〇四年出版的《臺灣堡圖》，可以發現台江陸地連成一氣之後，加上當地居民開始在海埔新生地上種植蕃薯、西瓜、玉米等等耐旱作物，並且開闢養殖魚塭，形成台南沿岸遍布的魚塭及鹽田，也就是說海岸線在二十世紀初，形成現在台南海岸地區的樣貌。

如今，由於全球性氣候暖化，海水面上升，影響了海岸變遷。台南海岸地區從堆積地形轉變為侵蝕地形。自有明清時代輿圖開始，雖然累計三二三平方公里海水面積已經形成了陸地，但是經由自然形成到人為影響，加速環境的變遷，例如圍塭、曬鹽、墾田、建地、築壩（興建曾文水庫）和建港（興建北門、馬沙溝、青山、四草和安平漁港）等工作，不但造成了河流改道，同時自然形成的沙洲，因為上游建造攔沙壩的影響，輸沙量減少，同時產生面積縮小的變化。

從荷據時期（一六二四年）到清光緒十三年（一八八七年），台南一直是全台首府，重要官署與通商港口都在此地，二百多年來台南都是台灣政治、軍事、文化和經濟重鎮，同時亦為全台開發最早的地區。

然而隨著大灣的縮減，台南的地位也一落千丈，所有輝煌的歷史，僅能從古蹟憑弔，帶給世人滄海桑田的無限感慨。

台南縣政府對上諸羅樹蛙 14

一九九四年的夏天，師範大學生物學系呂光洋教授的門生陳玉松，在嘉義民雄、竹崎等地發現了一種很像中國樹蟾的樹蛙。陳玉松直覺感到蛙叫的聲音和其他樹蛙不同，應該是新物種。

呂光洋仔細檢視這種體色翠綠，腹部白色，從吻端到體側有一條白線，趾端有吸盤的小可愛。覺得這種樹蛙體型中等，比中國樹蟾稍大；而且眼睛周圍也沒有中國樹蟾一樣的黑眼罩；腹部和體側也沒有中國樹蟾一樣的黑斑，於是很肯定的說：「我們發現了新種樹蛙。」

諸羅樹蛙

Rhacophorus arvalis Lue, Lai, and Chen, 1995

諸羅樹蛙雄蛙體長約四公分，雌蛙約六公分，背部呈翠綠色，雄蛙具有黃色的鳴囊，吻端尖圓，上唇白色，趾間吸盤發達。體側有細白線，從口角延伸到股部，白線下方鑲有黑色不規則細線。目前在台灣分布的南限，侷限在台南縣永康市三崁店，是目前發現單一面積族群量最大的棲息地，但因為面臨人為開發，亟需要保護。

諸羅樹蛙　雄蛙和雌蛙配對。

攝影／莊孟憲

「農田樹蛙」雅稱的來由

一九九五年呂光洋和陳玉松等人聯合發表命名，因為這種樹蛙在嘉義發現，而且鑑定是台灣特有種的本土蛙類，於是以嘉義的古地名來命名牠為「諸羅樹蛙」，學名*Rhacophorus arvalis*；學名中的屬名*Rhacophorus*表示牠們是樹蛙屬的成員，而種名*arvalis*表示耕地的意思，意味著這一群綠色的小精靈，喜愛棲息在農耕地。於是，牠們又有「農田樹蛙」的雅號。

近年來由於台灣南部農業轉型，農耕地（包括果園）大量消失，於是在竹林中也有了牠們的蹤跡。

花蓮教育大學楊懿如教授回憶起當年協助呂光洋進行諸羅樹蛙的聲音分析，特別在博士論文通過的那一年，特地到嘉義竹崎等地尋找樹蛙，經過從台北四次南下到嘉義的努力，終於在中正大學附近的民雄鄉葉子寮村找到了諸羅樹蛙。

經過十四年來兩生類學者不斷的努力，根據真理大學自然資源應用學系講師莊孟憲的紀錄，目前發現諸羅樹蛙在台灣的分布地區，分布在嘉南平原虎尾溪、北港溪以南、曾文溪以北一帶的農田，尤其是以竹林、水田、芋田、果園、甘蔗田、芒草叢為主的開墾地，包含在雲林縣斗六市、斗南鎮、古坑鄉、嘉義縣大林鎮、民雄鄉、梅山鄉、竹崎鄉以及嘉義市、台南縣麻豆鎮、永康市等鄉鎮市。這些海拔一百五十公尺以下的丘陵地或接近丘陵的平原低窪濕地，是牠們最喜愛的棲息的地方。當地人看到這些可愛的綠寶石，以閩南語稱牠們為「青腰」。

低窪潮濕—諸羅樹蛙最愛

如果平地有那麼多的人為干擾因素，諸羅樹蛙為什麼不選擇在山地生活呢？

根據楊懿如的說法，由於諸羅樹蛙喜歡低窪潮濕的環境，乾燥的嘉南平原，也只有靠近溪流附近的低濕窪地，才是牠們活躍的空間。「諸羅樹蛙的擴散，和嘉南平原溪流氾濫有關，也就是淹水帶來了諸羅樹蛙。」

諸羅樹蛙的繁殖期從每年的四月到九月。由於對於棲地的需求嚴苛，目前數量很少，估計全台灣不到二萬隻。然而，因為比起其他稀有的生物，數量龐大的兩生類比較不容易受到青睞，一聽到諸羅樹蛙的數量，一般民眾還會說：「還有二萬隻呀，那還很多呀！」但是諸羅樹蛙因為生活棲地在嘉南平原，和人類生產環境重疊日久，只要原來農耕地蓋了房子或建馬路，諸羅樹蛙就註定會地區滅絕（local extinction）。因此，牠們成為人類生態學中，重要的環境指標。

呂光洋想到當年夜訪牠們的棲地時，談到「諸羅樹蛙」，就稱呼牠為「雨怪」。因為牠們特別喜歡在雨後的夜晚唱鳴，一陣清脆的歌聲「ㄍ一、ㄍ一、ㄍ一」，會讓人誤以為是夜晚的蟲鳴。雌蛙棲息在二、三公尺高的樹葉或樹莖上，和其他樹蛙一樣，除了晚上交配的時間，會攀爬到靠近地面的植物覆蓋處產卵以外，其他時間都棲息在樹梢。

當雄蛙在晚上十點完成和雌蛙的交配後，雌蛙和雄蛙合力用後腳推打出像是乒乓球大小泡沫狀的白色卵塊，四天之後，卵塊在溫暖潮濕的環境中孵化出蝌蚪。這些褐色的蝌蚪外型圓鈍，具有一點一點的黑斑。牠們以掉落在水中的腐葉為食物，在水中無憂無慮渡過蝌蚪期，五十天後變成幼蛙。

雲林、嘉義—諸羅樹蛙較受保護

「雌蛙和雄蛙的比例不平均，牠們被發現的比例約一：八。」由於雌雄比例懸殊，加上近年來南部缺水的關係，諸羅樹蛙數量越來越少。尤其蝌蚪靠著白色卵泡的水分維生，如果長期乾旱，諸羅樹蛙有可能還沒孵化就夭折。此外，人為活動也造成諸羅樹蛙坎坷的命運。

為了要拯救諸羅樹蛙，雲林縣華南國小校長陳清圳和師大教授呂光洋發起「諸羅樹蛙保育及教育推廣計畫」，在雲林縣古坑鄉找了二十一位栽種竹林的筍農，補助五千元，約定五年之內在當地竹林環境，不轉種果樹、不焚毀竹子、不要噴灑農藥，以維護林地中僅存的樹蛙生長環境。

在嘉義縣，也有棲地生態補償的案例，同樣以竹產為生的三角里筍農，以諸羅樹蛙為號召，將生態標章的竹筍進行認證，貼上有諸羅樹蛙生態標章的竹筍，表示在生產竹筍過程中，對於諸羅樹蛙善盡保護責任，而且有「人蛙互惠」的樹蛙棲地營造行為，藉著竹林和樹蛙保育，共創產業和保育雙贏的策略。

然而，台南的樹蛙就沒有那麼幸運了。二〇〇六年的春天，台灣糖業公司雇工砍除了麻豆鎮南瀛總爺藝文中心的樹林，擾動了樹蛙一池春水，形成第一次大規模的人為干擾，台糖預定在二〇〇九年在總爺糖廠興建住宅。

台南三崁店樹蛙棲地—保育界呼籲保留

二〇〇七年，台南的樹蛙更大的浩劫來臨，那就是現永康市三崁店糖廠發現了大量諸羅樹蛙的蹤跡，這是目前諸羅樹蛙被發現台灣最南限的地點。三崁店糖廠因為長期間廢棄，沒有人為干擾，於是形成了豐富的族群。莊孟憲說：「由於糖廠停工了十七年，保留了許多老樹。依據島嶼生物地理學原理，這裡面積大、林相複雜、而且非常隱密，是嘉南地區單一面積最大的諸羅樹蛙棲地，估計數量約有二千隻。」

但是台糖公司計畫以舊糖廠為基地，規劃興建六百戶「南科新天地」高級別墅型住宅，總基地面積將近十公頃，在二〇〇七年六月二十六日以怪手進入清除了面積約為二公頃的樹林。在緊急的狀況下，保育團體發動義工，想要替浩劫中的樹蛙找一個新家，緊急送牠們出走。

在三崁店舊糖廠，雄蛙和雌蛙的比例更不平均，發現十四隻雄蛙，才能發現一隻雌蛙。因此如果移地復育的族群量不夠大，就會造成繁殖下降，也就是宣告移地復育的失敗。在移地復育的過程中，保育團體動員了五百位義工抓樹蛙，這個搶救諸羅樹蛙的行動進行了五天，只抓到了132隻樹蛙。

「保育諸羅樹蛙不能僅停留在物種層次，還要思考遺傳、生態與當地文化景觀的因素。」我和楊懿如有共同的想法。

二〇〇七年七月，台南縣政府文化局決議將一公頃的土地列為暫定古蹟，剩下的九公頃土地依舊為住宅用地。九月台糖公司同意暫時停工，但是開發商興總建設公司表示已經投入億元資金，並且和台糖公司簽約，不能無限期停工。九月

永康三崁店糖廠，台糖以怪手剷除掉了三崁店諸羅樹蛙的棲地。

攝影／莊孟憲

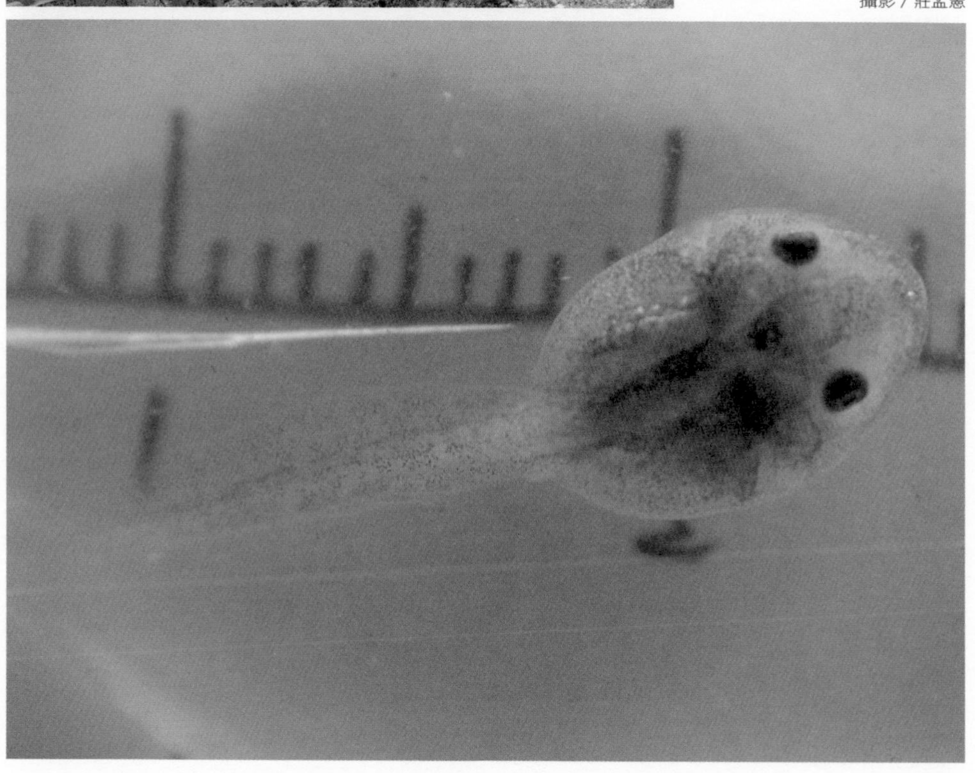

身體扁平，尾巴尖細，身體深褐色的諸羅樹蛙蝌蚪。

攝影／莊孟憲

三日在台北，也由台南社區大學等四十多個團體所組成的「守護三崁店聯盟」，號召了台北市的保育團體共同舉行了「呼籲阿扁總統一特赦諸羅樹蛙」記者會，以保留三崁店舊糖廠及舊宿舍區域的樹蛙棲地。

蘇煥智vs.諸羅樹蛙

在學者和保育團體的呼籲下，行政院農業委員會林務局在二〇〇八年二月計劃將諸羅樹蛙列為保育類野生動物，以第二級珍貴稀有的物種來保護，並進行預告。依據野生動物保育法，一旦諸羅樹蛙公告為保育類動物，將來獵捕宰殺諸羅樹蛙，可會被處六個月以上有期徒刑，得併科二〇萬到一〇〇萬元的罰金，但是台南縣政府在三月時回函農委會，要求暫緩公告。

「除非諸羅樹蛙的族群、數量等條件達不到保育標準，否則為何地方政府要求中央政府暫緩公告呢？」面對保育團體憤怒的質疑聲，台南縣縣長蘇煥智表示，諸羅樹蛙要不要列入保育類動物，應該先進行科學性的調查，也要讓雲林縣、嘉義縣及台南縣地方政府參與指定作業，以免造成地方經濟發展太大的衝擊。

由於嘉南平原過度開發，目前諸羅樹蛙棲地呈現景觀生態學中棲地破碎、道路分割的現象。在三崁店糖廠，由於地勢低窪，一下雨容易積水，形成蛙類的樂園，如果要開發為住宅區，就必須花費億元進行填高一公尺以上的土方填土，那麼，土方的來源為何？有沒有進行環境評估？這一切都留下許多問號。

如果全區開發，這塊國營事業土地，即使面積不到十公頃，因為其中可能為保育類野生動物的棲地，也必須進行環境影響評估。在評估過程冗長之餘，產生的工程契約延宕，甚至造成業者、台糖公司和台南縣政府對簿公堂，也許這都是縣政府所不樂意見到的局面。

二〇〇八年是內政部營建署公布的台灣濕地年。在台南三崁店，因為「保育」和「營建」的拉鋸戰，像是台灣曾經發生的環保抗爭行動的縮影。諸羅樹蛙的繁殖季節又要來臨，初夏夜間如蟲鳴的諸羅樹蛙鳴聲，是否越來越微弱？

永康交通路線圖（升格前）

資料來源／方偉達　繪圖／余麗嬪

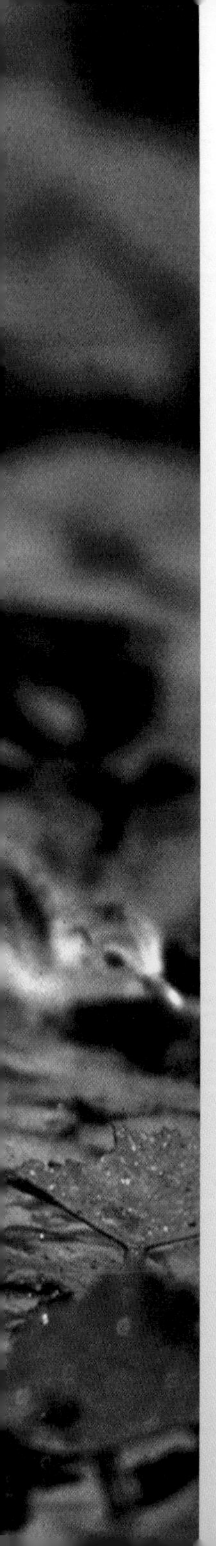

營造水雉棲地 15

記得二〇〇七年「生態瞬間」專欄第一次和親愛的朋友們見面的時候，談到了台灣高速鐵路穿越水雉棲息的地區。在新的一年開始，我想談談為什麼要營造水雉棲地。八年來，我們在台南縣官田鄉的水雉復育棲地從事營造工作，究竟發生哪些有趣的事，也要向讀者朋友們做一個完整的報告。

水雉，學名*Hydrophasianus chirurgus*，屬水雉科，分布於中國南方、菲律賓、中南半島及台灣島，是一種常在淡水埤塘活動的水鳥。因多在菱角田、荷花田等環境出沒，也被人稱為「菱角鳥」。水雉屬第二級珍貴稀有保育類動物。

攝影／張萬福

重賞帶動水雉復育

台灣的水雉，原來廣泛分布在平地的草澤和埤塘中，例如桃園埤塘在很久以前，就有水雉出沒的紀錄，但是因為土地的開發，造成了水雉族群越來越小。在一九九八年的時候，台南縣葫蘆埤、德元埤和火燒珠，只有五十隻左右的水雉，水雉遲早有地區滅絕的危機。

歷史上記載，台灣水雉的第一筆發表記錄，是由英國博物學家史溫侯（Robert Swinhoe）一八六五年在高雄大水塘內發現的，由於都市開發迅速，漸漸的，除了在高雄左營、彰化全興、屏東林邊和台南官田菱角田還有水雉少量的紀錄，很多地區水雉皆已滅絕了。

一九九四年，我剛進環保署的時候，環保署正在進行台灣高速鐵路的環境影響評估。當時中央研究院動物研究所研究員劉小如教授建議，要求高鐵和台南縣政府共同進行水雉棲地的生態補償和復育的工作。一九九八年，台南縣政府透過保育獎勵的辦法，只要種植菱角的農夫們在他們的田中發現有水雉築巢，而且孵化出一隻或二隻幼鳥時，就可以申請一萬元的獎勵金；孵出三隻或四隻，就可以申請二萬元的獎勵金。

台南縣政府在縣內八〇〇公頃的菱角田，進行重賞式的「生態補償」，逐漸引起了迴響。接著在高鐵環境影響評估審查結論的壓力之下，二〇〇〇年起，行政院農委會、交通部高鐵局、台灣高鐵公司、中華野鳥學會、台灣濕地保護聯盟（濕盟）等相關團體，在台南縣官田鄉租用了台糖公司十五公頃的蔗田，進行了史無前例的「水雉復育棲地營造工作」，為水雉打造棲息和繁殖的空間。

官田的水雉復育區

在我出國去哈佛讀書之前，抽屜中放的是張萬福老師照的一疊幻燈片，裡面有一張水雉插在竹竿上垂死的照片。這是在水雉棲地還沒有營造前，台南水雉所可能面臨怵目驚心的命運。所以官田水雉復育區是台灣第一個以物種進行生態補

水雉的蛋由公水雉孵化
攝影／張萬福

償的案例，成不成功，就在此一舉了。

保育團體在官田台糖的土地上租用了面積十五公頃的土地。這一塊土地由嘉南大圳南幹線從東邊向西邊穿過，水源沒有問題。但是面臨水雉復育需要很隱密的空間，到底十五公頃夠不夠呢？

在營造初期，先營造北區七公頃的土地，但是這塊蔗田經過灌水以後，因為接近馬路旁邊，而且中間還有一塊私人的土地，對於水雉的繁殖，干擾比較大，所以規劃成為緩衝區。等到南區八公頃灌水以後，確定這裡旁邊沒有道路經過，劃定成為核心區。我運用佛爾曼景觀生態學的理論，描述水雉棲地因為道路及建築物的林立，造成棲地破碎化的過程。因此，在推動濕地區塊和廊道設置時，需

棲地破碎化的過程（Forman, 1995）

空間過程		區塊數	平均區塊大小	內部總棲地	相連的穿越面積	總切割長度	棲地	
							減少	孤立
	穿孔	0	－	－	0	＋	＋	＋
	切割	＋	－	－	－	＋	＋	＋
	碎裂	＋	－	－	－	＋	＋	＋
	縮小	0	－	－	0	－	＋	＋
	消失	－	＋	－	0	－	＋	＋

道路生態學的原理

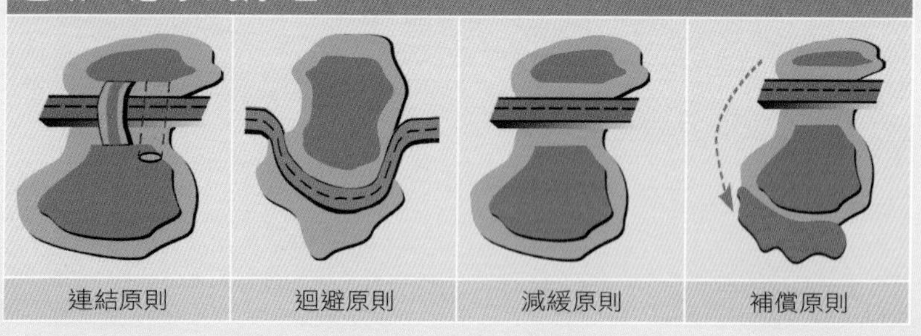

繪圖／方偉達

要考慮到減緩上表中的棲地破碎化的過程，以防止水雉棲地孤立的現象。

另外，我提出針對景觀生態學的水雉棲地設計重點，棲地營造要分別為：「核心區」、「自然復育區」和「生態廊道」的設計。在「生態廊道」方面，當高速鐵路或是其他道路穿越棲地的時候，我們要依據「連結」、「迴避」、「減緩」和「補償」的原則，重新設置相仿生態條件的動物棲地，以補償原有的生態功能，這就是國外補償性銀行（mitigation bank）的設計原理。

苦心經營：水雉數量攀升

在哈佛，我不斷收到水雉棲地復育成功的喜訊。直到我從哈佛大學景觀建築研究所畢業，繼續到德州農工大學攻讀生態博士。之後，雖然因為博士論文指導教授的更動，重新在德州農工大學提出「桃園埤塘」博士論文大綱，但是我關心水雉棲地復育的心依舊沒有改變。

二〇〇三年，是一個關鍵性的一年。除了規劃的官田水雉復育區，已經建立了五十隻的穩定族群。台南縣菱角田和官田水雉復育區的水雉數量總和，因為政府的鼓勵和保育團體的齊心合作，從原有岌岌可危的五十隻，突破到了二百隻。到了二〇〇五年年底，官田水雉復育區內已經發現了一一六種鳥類。這裡栽種了七十六種水生植物，吸引了五種蛙類、七種蛇和六種蜥蜴前來棲息。

在台南縣水雉復育的成果，讓水雉族群免於在台灣消失的危機，大家也鬆了一口氣。

曾經擔任過中華野鳥學會理事長和水雉復育委員會召集人的林憲文告訴我說：「在當時，感謝台灣濕地保護聯盟的邱滿星和曾瀧永（阿水），在營造初期到各地尋訪水生植物到這裡來復育，使得水雉有個家。」

我和林大哥亦師亦友，在東海大學校園和東海藝術街的咖啡店中經常聊到夜深露重，交換對於棲地保育的心得。在林憲文的心目中，南部各縣市鳥會和濕盟的苦心經營，是官田水雉數量不斷攀升的原因。

迎接水雉回娘家

「水雉越來越多，要怎麼辦呢？」「高雄左營，可以說是水雉的原鄉，為什麼台南成功的案例，不能到高雄來實踐呢？」二〇〇三年，濕盟向高雄市政府提出「水雉返鄉計畫」，希望藉由民間非政府組織的力量，來營造不同於一般公園的環境。

二〇〇三年五月，雙方簽訂了合約，將左營一號公園預定地（俗稱左公一）

交由濕盟無償認養，高雄市政府工務局負責初步濕地水域的營造，並且負責周邊圍籬的硬體興建工程，而濕盟負責濕地環境的細部營造和維護管理。

左營眷村是我出生和成長的故鄉，四歲時和阿公在左營鄉下曹公舊圳邊釣魚，我貪看圳邊的水生昆蟲，摔到圳中被湍急的溪水捲到下游，當時雖然不會游泳，被救起來的時候，滿嘴滿眼都是水草。記得一九七〇年發生溺水的場景，就是在這塊預定地附近。

童年在「左公一」這些地方的稻田收割後，烤蕃薯、放風箏，還有在埤塘和水圳旁打水漂，成為閉上眼睛都可以看得到的記憶。當然，溺水的驚險畫面，依然歷歷在目，成為心理學者所稱呼的「童年創傷」。

「要如何撫平對於濕地水域畏懼的童年創傷呢？」命運弔詭的是，既然我已經唸到了全國唯一的公費留美濕地生態博士，推動城市濕地復育和理念傳播，營造健康安全的濕地環境，我是義不容辭的。

二〇〇五年年底，新自然主義編輯們希望我來主持生態廊道復育成果分享，說明和分析城市濕地廊道的理論和成果。在我計畫主持高雄市政府工務局和新自然主義共同出版的城市生態復育《聽，濕地在唱歌》（2006）這本書中，就是規劃高雄市生態廊道的復育，其中最矚目的就是營造「水雉返鄉計畫」的左公一棲地，現在稱呼為洲仔濕地。

城市生態廊道

「在當年的稻田區，已經興建了道路，如何營造埤塘濕地，成為連接廊道高雄的軸心路線？」

由於高雄市野鳥學會林昆海的努力爭取，高雄市政府保留一公頃左右的水田作為濕地。濕盟後來提出更大面積的濕地訴求，獲得當時高雄市政府工務局林欽榮局長（二〇〇七至二〇〇八年任職內政部營建署署長）的認同，最後市政府同意支持三公頃的濕地水域的復育計畫。最後打響的名號，就是迎接「水雉返鄉」。

2007年台南的水雉生態園區
攝影／鄧伯齡

前濕盟理事長，現任海洋大學海洋事務與資源管理研究所所長邱文彥教授，在二〇〇三年福特保育暨環保獎提出水雉棲地復育的構想，獲得一百萬獎金的資助。這個構想逐漸拓展東到翠華路；西到蓮池潭西側；南到高雄市風景區管理所；北到至國道十號翠華路交流道，後來成為「洲仔濕地公園」的雛形。

洲仔濕地營造成功以後，吸引了一百多種鳥類前來棲息。其中珍貴稀有動物有水雉、鴛鴦和彩鷸。濕地栽種著台灣萍蓬草、柳葉水蓑衣、大安水蓑衣、風箱、水社柳、苦檻藍和台灣水龍等植物，具備吸引物種前來棲息的條件。

有一次我向濕盟理事、前濕盟高雄分會會長蘇耀廷開玩笑說：「水雉真的從台南飛來高雄繁殖嗎？還是義工拿水雉的蛋在洲仔濕地直接繁殖的呢？」我想很多朋友都會有這種疑問。

洲仔濕地　攝影／方偉達

蘇耀廷回答：「二〇〇四年八月，當洲仔濕地水雉棲地營造出一片水面後，我們在洲仔上空看到有一對水雉飛在洲仔上空，後來在十二月築巢定居，第二年八月生下四隻水雉寶寶。」我聽了鬆一口氣，台南和高雄的棲地，同樣都具備了適合生物居住的豐富條件，而且水雉可以通過廊道的設計，從台南向高雄遷徙。

佛爾曼當年景觀生態學所談的「核心區」、「自然復育區」和「生態廊道」的設計，終於靠著民間保育團體的努力，在台灣具體成形而且實踐。

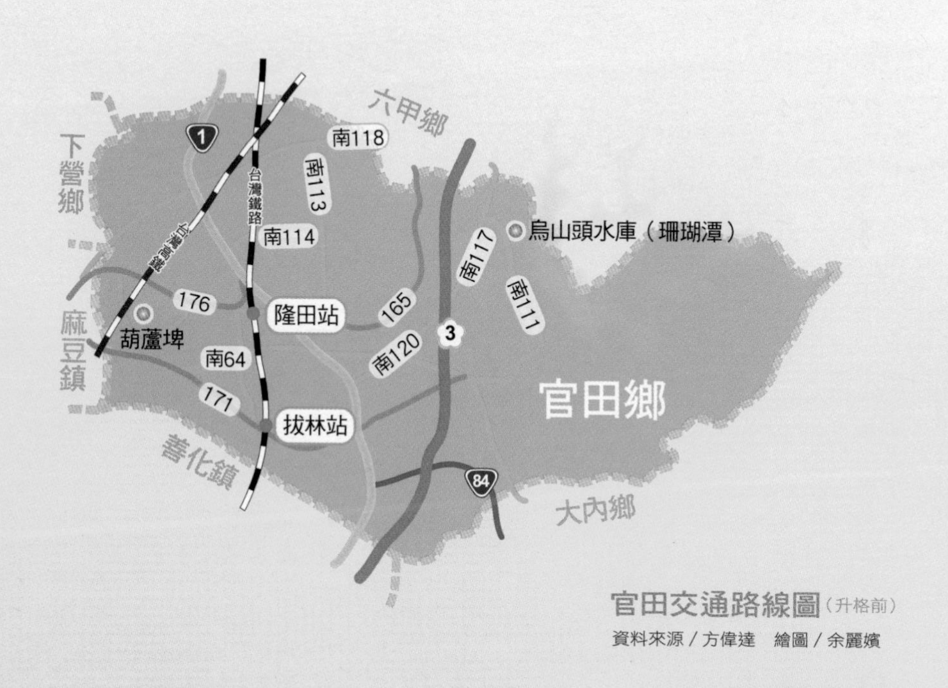

官田交通路線圖（升格前）

資料來源／方偉達　繪圖／余麗嬪

黑嘴端鳳頭燕鷗，就在眼前！ 16

　　二○○○年六月，梁皆得受到連江縣政府的委託，在馬祖列島燕鷗保護區（二○○○年一月成立）拍攝燕鷗影片，他躲在偽裝的帳篷中，捕捉燕鷗交配、產卵及孵化幼雛的影片。在返回台灣剪接影片的時候，從二千多隻的燕鷗中，發現有幾隻燕鷗長得和其他燕鷗不一樣，他想：「是不是光線的關係？導致這八隻燕鷗體型比較小，而且較深的體色？但是為什麼連喙端的顏色也不一樣呢？」

　　梁皆得早年跟隨鳥類學者劉小如教授拍攝鳥類影片，曾經在蘭嶼拍攝過蘭嶼角鴞、陽明山國家公園大冠鷲和松雀鷹，對於鳥類具有專業級的辨識能力。他疑惑之餘，翻遍國外的圖鑑，後來經過中研院劉小如的鑑定，認為這是全世界可能不到一百隻（甚至只有五十隻）的神話鳥—黑嘴端鳳頭燕鷗。

馬祖列島是黑嘴端鳳頭燕鷗的故鄉
攝影／方偉達

發現黑嘴端鳳頭燕鷗的漢學家
高思達夫‧須雷格（Gustaaf Schlegel, 1840～1903）

高思達夫．須雷格，九歲開始學習漢語，這位語言天賦極高的少年經過參加荷蘭政府漢語培訓班，十四歲便成為享受政府獎學金的見習譯員。十七歲來中國留學，在澳門、廈門及廣州等地為荷蘭東印度公司服務三年，期間受到父親的要求，協助在中國蒐集鳥類標本送回荷蘭，包括目前在荷蘭來登自然史博物館珍藏的第一隻「黑嘴端鳳頭燕鷗」。

一八六六年，高思達夫．須雷格曾經把一首粵語敘事詩《花間集》翻譯成荷蘭文。一八七七年返國後，以三十七歲之齡被任命為荷蘭第一位漢語文學教授。

高思達夫．須雷格興趣極為廣泛，十九世紀在中國南方居住的經驗，讓他接觸到中國社會底層祕密會社與傳統科學的脈絡。有關描述十九世紀中國的著作都是在青年時代發表，包括：《天地會：中國人與荷屬東印度華人中的秘密社會》（1866）、《中國娼妓考》（1866）、《星辰考源-中國天文志》（1875）等。此外，他的畢生研究結晶《荷華文語類參（四卷）》（1886～1890）是荷蘭人在十九世紀末了解漢語必備的工具書。

須雷格父子的發現

黑嘴端鳳頭燕鷗，最早在中國有發現紀錄，是赫曼．須雷格（Hermann Schlege, 1804～1884，黑面琵鷺共同命名者之一）的兒子高思達夫．須雷格（Gustaaf Schlege, 1840～1903）在中國福建廈門十里觀察紀錄，並在一八六三年命名為*Thalasseus bernsteini*，距離他父親和田明克（Coenraad Jacob Temminck, 1778～1858）命名黑面琵鷺，又過了十四年。

赫曼．須雷格早年受命於田明克，到亞洲採集鳥類標本，接觸到十九世紀中葉的中國，他要兒子高思達夫九歲起接受中文的教育。高思達夫十七歲時受雇於荷蘭東印度公司工作，順便在中國蒐集鳥類標本；二十三歲那年，在父親的協助之下，在期刊中發表了〈黑嘴端鳳頭燕鷗〉。然而，高思達夫的興趣似乎不在這裡，而是在中國的人文社會研究。他的名字在生物界沒沒無名，一般人還以為「黑嘴端鳳頭燕鷗」的命名者是他的父親赫曼．須雷格。

高思達夫一直生活在父親日耳曼式的教育的陰影之下，二十二歲到巴達維雅（印尼雅加達）擔任傳譯之前，協助父親在亞洲進行採集標本的工作，但是這個工作似乎不是他的興趣。也許是高思達夫的傳奇經歷，引起我研究「黑嘴端鳳頭燕鷗」的動機。二〇〇〇年在環保署辦公室保存了一張黑嘴端鳳頭燕鷗的明信片，這也勾起了久遠以來我對於牠的僅存記憶。那是一群大鳳頭燕鷗群中，有四隻「黑嘴端鳳頭燕鷗」成鳥和四隻雛鳥的照片，其中一張是張壽華照的母鳥孵卵的照片。

一個忙碌的暑假

我一直在想高思達夫．須雷格在家族中所承受的壓力。他為什麼不再繼續研究鳥類，而改變興趣研究起中國天文星象和清末天地會等祕密會社，甚至是中國社會底層的娼妓？然而，歷史紀錄有限，就如同是黑嘴端鳳頭燕鷗的零星紀錄，激起不了學界研究發現歷史的興趣，因為在中文命名上，台灣學者建議要重新命

黑嘴端鳳頭燕鷗的親鳥對雛鳥有餵食行為
攝影／張壽華

黑嘴端鳳頭燕鷗

黑嘴端鳳頭燕鷗（*Thalasseus bernsteini*），在中國又稱為中華鳳頭燕鷗，英文名稱以發現地中國為名，稱為Chinese Crested Tern。牠的體長四十公分，背部為白色、翅膀為淺灰色，其黑色喙尖上有一個白點。黑嘴端鳳頭燕鷗傳稱為「神話之鳥」，二十世紀鳥類學者從高思達夫．須雷格（Gustaaf Schlegel）所記載的文獻描述中，只能意會這個燕鷗的優美畫面，就如同閱讀一篇神話；更有一種說法是，形容要觀察到牠們，如同是神話般地不可能。

一八六三年牠在中國福建廈門十里被未滿二十歲的高思達夫．須雷格發現，但是之後僅有零星的記錄，如馬來西亞沙勞越（1891）、印尼摩鹿加群島（1891、1913）、中國黃河三角洲（1896、1903）、福建省福州（1916、1925）、菲律賓（1905）及泰國（1923）。高思達夫．須雷格在一八六三年命名之後，直到一九三七年首度在中國山東青島沫官採集到二十一隻標本，之後到二〇〇〇年，在亞洲各國幾乎都是不確定的觀察紀錄。

黑嘴端鳳頭燕鷗在二〇〇〇年被台灣學界在期刊發布後，一夕暴紅；中國政府宣布福建的閩江口從二〇〇四年以後都有紀錄，此外，浙江的韭山列島在二〇〇四年也發現十對黑嘴端鳳頭燕鷗繁殖。

兩岸學者認為，在中國山東沿海出現的黑嘴端鳳頭燕鷗為夏候鳥；在福建（廈門、馬祖）、浙江及廣東沿海出現的為繁殖期返回棲地的候鳥，在秋季即南飛到中南半島等地渡冬。二〇〇二年，在馬祖的燕鷗群集經歷了大規模的築巢失敗，是由於中國漁民登島採集貝類及燕鷗蛋的干擾所造成的影響。

名為「馬祖鳳頭燕鷗」，中國學者建議要命名為「中華鳳頭燕鷗」，兩岸命名紛擾如同政治波濤。

如果須雷格父子爭議在於年邁的父親希望兒子克紹箕裘，甚至將新鳥種的命名權授予兒子，但是高思達夫始終將偶遇的稀有鳥類視為「邂逅」，對於父親的好意敬謝不敏。

開始認識黑嘴端鳳頭燕鷗是從高思達夫開始，甚至景仰他的人文歷史研究成就。二〇〇八年五月，張壽華和劉用福來到大哥方偉宏家裡，訪談馬祖列島燕鷗保護區的管理意見。張壽華來訪時強調：「早年馬祖燕鷗數量最多時曾達三、四萬隻，但是中國大陸的漁民，常登到小島撿拾鷗蛋，加上整體生態環境破壞，目前數量經常不到一萬隻了。」

其實，我對於燕鷗的了解不夠多，二〇〇八年連江縣政府燕鷗和家燕調查計畫，師大生物系教授王穎和我分別擔任台北市野鳥學會的「燕鷗」和「家燕」調查的計畫主持人。整個暑假我們一行人，和鳥會組長阮錦松、保育專員何一先等人，到馬祖過著看鳥的日子。然而，這一年的颱風特別頻繁，經常我們夜裡到基隆搭著台馬輪在馬祖清晨上岸，調查完畢要搭乘飛機返回台灣時，因為颱風飛機停飛，一行人就滯留馬祖漁會，回不了台灣。

燕鷗在六月底及八月初屬於繁殖期，到了八月底到九月初，燕鷗必須教導新生育雛學習生存技巧，當天氣越來越冷，牠們必須要南遷。所以我們必須加緊腳步，在夏天燕鷗和家燕最多的時間，努力進行調查。

在南竿、北竿、東莒、西莒，我們為了怕驚擾正在繁殖的家燕，用自製探照鏡觀察家燕的窩，看到一巢巢滿載著雛鳥和母鳥相聚的溫馨畫面，心中充滿著無比的喜悅；而馬祖的孩子看到我們，也是亦步亦趨，開心的大喊：「客人好！」接著緊跟著我們一行調查隊伍。王穎還耐心的向孩子們分享觀察家燕的樂趣，一點都沒有教授的架子。就這樣，我們這個來自台北鳥會家燕調查和燕鷗調查團隊的輪流支援下，又是搭飛機，又是搭船地渡過二〇〇八年這一個忙碌的暑假。

大鳳頭燕鷗群　攝影／方偉達

套牢的「小管」

在調查過程中，我們遇到了幾次颱風。然而，最驚險的經過是七月十日媒體報導有一隻黑嘴端鳳頭燕鷗被塑膠套套牢了，在七月底登上國際的版面，這距離六月時的調查不到一個月。在國際學者及農委會的關切下，台北鳥會組成了解救團隊，要到馬祖解救這隻被套牢的「小管」。

「登島計畫，不會傷害到其他的燕鷗嗎？」我在他們行前詢問，因為我不贊成為了媒體渲染，而需要干擾到整個繁殖地區的棲地。要知道這個繁殖期過了，又有千千萬萬的新生燕鷗出現，一旦拯救行為不當，讓其他燕鷗受到驚嚇，受傷害的是整個燕鷗的生態體系。所幸七月二十七日中度颱風「鳳凰」來襲，台北鳥會被迫放棄了拯救計畫。

而在颱風之後，「小管」在家人的陪伴下，依然活躍在福建沿海，直到燕鷗群南返到中南半島等地。事後，我打電話詢問張壽華，他推測在這一段時間，「小管」藉由夥伴的餵食，才能夠捱過挨餓的命運。但是未來牠的命運如何，誰也不能預測。

「看，那裡有四隻黑嘴端鳳頭燕鷗。」

我們在四鄉五島的燕鷗調查中，計畫從東引鄉的雙子礁，北竿鄉的三連嶼、中島、鐵尖島、白廟、進嶼，南竿鄉的劉泉礁，到莒光鄉的蛇山等八座島嶼。在二〇〇八年六月二十二日，我們搭船出海，向鐵尖島邁進，這是本年燕鷗群最高的地點。在八個無人小島上，今年的劉泉礁有大陸漁船出沒。我們儘量避免激怒對岸的漁民，因為傳聞他們都有配有武裝，似乎看到大陸的鐵殼船，對於毫無招架之力的調查團隊賞鷗船，形成莫名的壓力。

紅燕鷗位於潮線上，比其他燕鷗在島礁的位置要低。

攝影／方偉達

「小管」遭到不明塑膠管的套牢，在家人的陪伴下，依然在二〇〇八年七月時活躍在福建省沿海。

攝影／張壽華

面對遼闊的海洋，我們調查到約二五〇種鳥類。在沿途看到裸露的花崗岩塊，上面生長著菊科和蕃杏科的植物，沿著天際線向礁巖望去，白眉燕鷗和紅燕鷗不時盤旋低飛。我們小心繞過劉泉礁，在船長熟練的操作技術下，向鐵尖島邁進。六月時，燕鷗大部分都集中在鐵尖島，尤其聽說鐵尖島當時有黑嘴端鳳頭燕鷗的蹤跡。

我在船上用望遠鏡遠眺鐵尖島的燕鷗，船隻靠近鐵尖島時，全船的賞鷗同行者開始一陣騷動，甚至船隻靠近的時候，大批的大鳳頭燕鷗禁不起船隻來訪的噪音，開始四散紛飛。我開始感到不安，因為我所教授過的生態旅遊，都會再三叮嚀學生要注意賞鳥的時候，不可干擾到鳥類的生態，尤其是在繁殖季節時。

我用望遠鏡觀察到約有二千隻大鳳頭燕鷗盤據了整個鐵尖島，大鳳頭燕鷗的公鳥不時地起飛降落，以非常警戒的心理戒護母鳥，並形成對於母鳥撫育雛鳥的屏障。在水線地方看到幾隻紅燕鷗，悠哉悠哉地形成一道排列，島尖還有一隻蠣鷸佇立在礁巖頂端，彷彿是全體鳥兒的哨兵。

然而，心浮氣躁的觀光客看不到黑嘴端鳳頭燕鷗。在成千上萬的大鳳頭燕鷗的據領下，黑嘴端鳳頭燕鷗幾乎彷彿是那些隔壁的鄰居，雜居在大鳳頭燕鷗群中。牠們二〇〇八年來到鐵尖島，是因為鐵尖島已經在保護區的嚴格管理下，嚴禁攀爬進入，可以安心的繁殖。我看到部分的燕鷗在覓食時間，朝向對岸的中國大陸飛翔，牠們可以降落在中國福建省福州鱔魚灘自然保護區進行覓食。

「看，那裡有四隻黑嘴端鳳頭燕鷗。」突然我聽到何一先小心提醒我的聲音。我們要求船東放慢船速度。因為按照生態旅遊的規定，賞鷗船不得靠近島礁一百公尺以內，而且我們也擔心賞鷗船的噪音會驚嚇到這些貴客。我小心地用望遠鏡仔細觀察這幾隻黑嘴端鳳頭燕鷗。並且快速掃描礁上的鳥況，描繪出這群鳥的體型。看得出來牠們的體型較小，體長約四十公分，喙黃色，但是喙端為黑色。

調查團隊很興奮的好像中了大樂透一樣，細心的點數黑嘴端鳳頭燕鷗的隻數。

馬祖群島位置圖

資料來源／方偉達
繪圖／余麗嬪

再見，七股！

17

我在東海大學研究室通常放的都是原文的期刊和書籍，但是在書櫃中，存了好幾本珍藏的「全國環保小署長實錄」，封面是可愛的造型圖案。十年前的全國環保小署長，現在也是大學生了吧。

現在帶大學生的方式，和當年帶小學生的教學法沒有什麼差別。一九九六年的全國環保小署長會議，我教導一群來自全國，自一一一七所小學選出來的各縣市五年級二二八位小署長代表，在大海報上畫出環境規劃地圖、玩環保遊戲光碟、環保化妝晚會、環保大地遊戲，還有教他們玩模擬圓桌會議。

什麼是模擬圓桌會議呢？我們設計台北縣和台南縣的小朋友進行角色扮演，進行「檳榔工業區」的角色模擬對抗賽，小朋友假扮正方國會議員，南北集團總裁、開發公司老闆的一方宣稱要開發「檳榔工業區」；另一群小朋友以鳥會總幹事、環境友善協會代表、蚵仔西施、青蚵仔嫂等一方進行抗辯。在教育改革口號喊得震天價響的聲浪中，這場模擬圓桌會議，就在「外行人看熱鬧，內行人看門道」的情況下，一九九六年元月五日於環保署十三樓禮堂嘻嘻哈哈的展開，吸引了五十幾家電子和平面媒體報導。

「我堅決主張開發檳榔工業區，不開發，檳榔區是黑白的，開發了才是彩色的。」「檳榔工業區如果開發，排出來的廢水就像仙草蜜，又像可樂，雖然賺錢，百姓恐怕還沒享受就被毒死了。」腳本大綱所說的檳榔工業區，就是大名鼎鼎台南縣七股鄉的「濱南工業區」。

七股潟湖已經在二〇〇九年劃入台江國家公園，台江國家公園在台灣島內部分，包括了台南市鹽水溪至曾文溪沿海公有地及台南縣的黑面琵鷺保護區、大潮溝西側及七股潟湖等範圍。　攝影／方偉達

黑面琵鷺雕塑·矗立加大校園

濱南工業區的環境影響評估，前前後後在環保署審查了十幾年，其間環保署長換過六位，開發業者從棄走中國大陸的燁隆集團負責人陳由豪換了許多位，反對最力的立法委員蘇煥智也因為抗爭濱南工業區的開發，打開知名度當上二任台南縣縣長。蘇縣長的立場從反對鋼鐵廠到歡迎七股國際機場；台灣政壇的變色速度，如同七股的生態變化，讓人目不暇給。

一九九九年，我考上教育部公費留美「海岸濕地保護及復育」學門第一名，正在尋找美國相關研究所，聽說台大城鄉所劉可強教授和加州大學柏克萊分校合作，在一九九九年的夏天要在七股駐站，由加州大學柏克萊分校景觀建築學研究所赫斯特教授（Randy Hester）率領加州大學的研究生到七股進行景觀規劃設計。赫斯特教授寫過《造坊有理》，以「過程即風格」的理論，推動社區參與式營造設計。

對我來說，看到來自台灣在柏克萊唸書的博士生，彷佛是古代州縣學的莘莘學子，看到國子學太學生那麼欣羨。那年春天，我們踏著星夜的碎步，在夜裡十一點探訪黑面琵鷺的主棲地，順著曾文溪口，看到遠方月光掩映，蒼茫大地碧波浮沈，似乎印證了杜甫的名句「星垂平野闊，月湧大江流」。不知道古「台江內海」到「倒風內海」的詳細分界在哪裡？我所站的土地，當年應該是海水吧。

一九九九年在美期間拜訪柏克萊五次，黑面琵鷺的造型雕塑矗立在校園中，康道夫教授（Matt Kondolf）送我《河流廊道復育》（*Stream Corridor Restoration*），冰冷的涼風刮得舊金山灣夏寒料峭。但是事與願違，在加大錄取研究生的第一關，我的GRE考試成績就被刷掉了；後來二〇〇〇年哈佛大學設計學院景觀建築研究所向我招手。我寫信給康道夫，他很幽默的說：「也許私立學校彈性比較大吧。」哈佛大學不僅僅收學生彈性大，而且在建築及景觀領域，一直是全世界排名第一。

七股潟湖月光掩映，遠眺蒼茫大地，碧波浮沈。
攝影／方偉達

離岸沙洲的由來

七股潟湖也許因為有黑面琵鷺，才會成為加大柏克萊關切的焦點。在哈佛和德州農工大學，我將七股當作研究案例，進行規劃與分析。談到黑面琵鷺，一九八四年，在台南曾文溪口發現一三〇隻，之後黑面琵鷺在一五〇隻上下盤旋。根據統計，台灣曾文溪口和七股一帶是黑面琵鷺最大的度冬族群，之後就向著越南紅河口等地繼續遷徙。

台灣每年佔全世界黑面琵鷺半數以上，目前全世界黑面琵鷺因為受到保護，從二〇〇四年的一二〇六隻，上升到二〇〇七年的一七六〇隻，三年間全世界黑面琵鷺成長率超過百分之三〇；其中二〇〇七年以台灣七九〇隻居冠，佔總數的百分之四十五。

「多年來，與其說我關心黑面琵鷺，我更關心的是七股沙洲的地景變遷。」在七股鹽場，我向一群國中小的教師說，「七股潟湖外有青山港汕、網仔寮汕、頂頭額汕、新浮崙汕等。沙洲、潟湖形成的原因主要的是由河水溪流夾帶巨量泥

網仔寮汕沙洲面積持續縮減，而且迎風面木麻黃枯萎。

攝影／方偉達

沙在海濱堆積。每年台南地區沙源經過颱風所帶來的豪雨沖刷到海域，經過夏季西南季風的吹拂，而在近岸處形成線條好像巨鯨形狀，平行於海岸線的沙洲，台南人稱為鯤鯓，也就是海牛、儒艮，又稱為汕。」

沙洲與海岸所形成的海域稱為潟湖，容納河川及溪流不斷沖刷而來的泥沙。在地表營力的運作下，潟湖被淤積的泥沙填滿後，稱為浮覆，而浮覆地則稱為海埔。當沙洲陸連之後，改道後的溪流與河川持續向西面營造更多的沙洲與潟湖，也形成更多的陸地。也就是說，這些離岸沙洲就是七股海岸的特色。形成的原因是由於海底地形較靠近岸邊，而且是外海碎浪帶的位置。因為該地波浪在碎浪區內，沒有辦法繼續推進到岸邊，搬運泥沙的能力降低，只能將泥沙留置於碎浪區。但是沙洲因為具有阻絕波浪入侵的功能，所以形成風平浪靜的潟湖形態。

七股潟湖和七股沿海社區居民的生活關係很大，他們一輩子都靠著潟湖而活。七股漁民設置定置網捕魚，另外在潟湖插蚵、養殖文蛤。因為潟湖提供臨近的魚塭海水來源，並且洗滌魚塭所排放出來的有機池水，這裡成為台灣海水魚類繁殖重鎮。此外，近來隨著生態旅遊興起，搭乘機動膠筏暢遊潟湖，脆弱的沙洲也成為生態旅遊重要景點。

這次的講習由國立台南大學環境與生態學院鄭先祐院長打頭陣，分好幾個星期舉行。許多當地的社團負責人及台南大學教授犧牲星期假日，到七股鹽場禮堂替中小學老師上七股人文和生態的課程。

七股潟湖·大幅消失

今年趁著春天的尾巴，我又來到了七股潟湖，趁著在台南大學生態旅遊研究所擔任兼任助理教授的講課機會，我登上機動膠筏，發現烈陽下的七股潟湖仍然是汪洋浩瀚。遙望東邊七股鹽場，西濱公路以高架穿越潟湖和內港航道口，工程持續在進行。

我的目的地是潟湖西邊的網仔寮汕，南邊是魚塭北堤，北邊則是青山港西南航道。我計算出潟湖的實際面積，發現潟湖面積已經從官方版公布一六○○公頃，縮小到現在的一一一九公頃，這個面積不包含沙洲，而且網仔寮汕北邊的潮口淤積嚴重。

說來有趣，七股的地名源自於「七股寮」。話說清朝道光年間，洪理、黃軍等十六股首招募佃農開墾而聞名，經過分配為七十二份土地，其中七股首招佃來耕作的土地和搭建的茅寮，稱為七股寮，後來發展為村莊。又有另外一種說法是，這個地方形成海埔新生地以後，福建省來台開墾的七名移民開闢經營一處名為「七股塭」的魚塭，後來這個地方就稱為「七股」。七股在十七世紀的時候，還是台江內海一部分，到了一八二六年（清朝道光六年）時，因為鹿耳門港道淤積，原來台江內海北部也陸化為陸地，七股潟湖成為台江內海最後一片潟湖。

我和船東聊著潟湖的往事，發現潟湖上停留著許多鸕鶿，正準備趁著春末，返回中國大陸長江以北繁殖，這裡彷彿是牠們的第二故鄉。

「這些鸕鶿是大陸來的偷渡客。」船東調侃地說。鸕鶿分布的範圍很廣，中國廣西桂林灕江一帶的船民養牠們做為捕魚的工具，他們在鸕鶿的脖子上套環，並用繩子拉著，當鸕鶿張口捕魚，船民將捕到魚的鸕鶿掐住脖子，用力擠壓將魚吐出。此外，鸕鶿又有一個名字叫「烏鬼」，唐朝詩人杜甫形容傳統利用鸕鶿捕魚的技術是「家家養烏鬼、頓頓食黃魚」。我想，七股漁民還不至於因為缺乏現代化捕魚技術，需要用這種古老不人道的方式掐鸕鶿脖子吐魚。

生態景點·吃喝照舊

我們的膠筏停在網仔寮汕，這裡早聽說因為遊客大量捕捉和尚蟹，造成生態的浩劫。在網仔寮汕，風乾的虱目魚隨風漂盪，旅客吆喝著在簡陋的棚架下享受美食。也許生態旅遊在國人的定義下，就是到生態景點吃吃喝喝吧。

來到久違的沙洲，我看到滿目瘡痍的海灘，都是四面八方漂來的垃圾。八年不見，網仔寮汕木麻黃所形成的防風林依舊，但是海風侵蝕，造成防風林因為鹽分太高而持續枯萎。馬鞍藤盤據在沙丘之上，輕盈飄動著馬鞍型的綠葉，但是小小的海濱植物如何能抵擋潮汐日日夜夜衝撞呢？聽說幾年前才建造好的網仔寮汕燈塔，也因為沙洲的縮減，之後就浸泡在海水中而遭到拆除。

當沙洲內移了八〇〇公尺，網仔寮汕面積只剩下一〇一公頃，南部的頂頭額汕面積也只剩下四四公頃。我想，這個天然防護屏障遭到破壞，瀉湖泥沙淤積嚴重，排水困難，是不是造成去年台南沿海鄉鎮，也就是古代「倒風內海」地區發生嚴重水患的原因呢？

想探訪過去和柏克萊的規劃團隊看到沙洲上整片的鷺鷥營巢區，但鷺鷥營巢區如今安在？船東一直吆喝著上船返回七股龍山村，我想時間有限，下次再來吧。我能想像加州大學柏克萊分校赫斯特教授當年寫信給呂秀蓮副總統抗議濱南環評過關是「台灣之恥」（Shame on Taiwan）的心情。但是國外學者關心的是黑面琵鷺，我除了關心工業區開發的帶來「生態不正義」的嚴重性，同時思考七股瀉湖持續淤淺、沙洲面積縮小，以及無煙囪工業「瀉湖旅遊」帶來的生態問題。

鸕鶿
攝影／方偉達

星期假日，龍山村市集熱鬧依舊，婦人辛勤著從牡蠣殼中挑出肉質鮮美、肥嫩多汁的牡蠣肉，熙熙攘攘渡船頭對岸富麗堂皇的廟宇，點出濱海漁村特有對未知海洋信仰的敬畏，也許，這正是七股特有的文化生態景觀吧。

在網仔寮汕，簡易懸背式木橋之外，風乾的虱目魚隨風飄盪。

攝影／方偉達

婦人從牡蠣殼中挑出肉質鮮美、肥嫩多汁的牡蠣肉。

攝影／方偉達

七股交通路線圖（升格前）
資料來源／方偉達　繪圖／余麗嬪

注意，外來種植物入侵了！

18

我在大學時唸的是中興法商學院地政學系，而不是生物學系本科生。對於台灣土地，我可以琅琅上口：「建、雜、祠、鐵、公、 墓、田、旱、林、養、牧、礦、池、鹽、線、道、水、溜、溝、堤、原。」將地目背得滾瓜爛熟，是為了應付土地行政高等考試；後來考上教育部公費「海岸濕地保護及復育」這科學門之後，進行跨領域學門的「異業結合」，自修濕地植物與棲地的關係。

這幾年我在海岸、城市及內陸濕地的調查，彙整出《聽，濕地在唱歌》這本書的水生植物章節，但是總覺得經過調查的濕地，不但看到許多本土水生植物逐漸在凋零，同時也看到許多入侵植物。

世界自然保育聯盟在二〇〇〇年對外來種（Alien）定義是：「出現在本來應該自然分布或擴散的範圍之外的物種」；又認為「外來入侵物種」（Alien Invasive Species）指的是已經存在於生態環境中的穩定族群，並有可能威脅到原生物種多樣性的物種。

粉綠狐尾藻　攝影／周睿鈺

菟絲子是外來種嗎?

我很喜歡到台南進行調查，這裡充滿漢人和荷蘭人不同觀念的記載。對於漢人來說，這裡是漢民族收復失土的民族根據地。對於荷蘭人來說，這是喀爾文教派教化西拉雅原住民和貿易鹿皮及蔗糖的殖民地區。但是到了一六六一年，因為荷蘭人在安平古堡（熱蘭遮城）不肯投降，這裡成為國姓爺殺害傳教士使節亨布魯克（Antonius Hambroek）和鄭氏部隊將陣亡荷蘭士兵去勢，並丟到海中示威的地區。我能理解鄭成功深受國仇家恨的悲痛，以及急於找尋根據地的心情；卻也對他率領部隊的殘暴行為不能理解。

史學家研究鄭成功的父親鄭芝龍是基督教徒，所以在日本出生的鄭成功也對基督教親善，但是史學家始終不了解鄭成功對於荷蘭人「降與不降」間對待戰俘的反人本行為。為了要了解鄭成功登陸鹿耳門的沙洲地點，或是了解當年大灣的歷史殘跡，我在古台江內海和倒風內海踏勘，甚至台南外海的網仔寮汕等地也去了好幾次。

網仔寮汕是七股潟湖中唯一不和台灣本土相連的沙洲，在二〇〇七年面積剩下一〇一公頃。在這裡，狹長的沙洲上有著木麻黃，是鷺科鳥類的營巢區，也讓我想到了四百年前，台江大灣的汪洋浩瀚，以及離島沙洲上不同民族之間的衝突。我望著沙洲上的馬鞍藤。馬鞍藤花顏色艷麗，稱為「海濱花后」。但是這種具有良好的定砂能力，而且生命力旺盛的海濱植物，正被菟絲子所纏繞，顯得奄奄一息。菟絲子是蔓性寄生草本植物，我告訴研究生說：

「這種植物攀附在馬鞍藤身上來獲取營養，在春夏之交的時候，菟絲子找到這株寄主，而開始寄生生活。」

菟絲子是外來種嗎？學界對此有過爭議。《爾雅》所說的「唐蒙」就是指菟絲子，所謂的「蔓連草上，黃赤如金」就是指菟絲子的形態，可見這種植物在中國很普遍。我指著菟絲子的莖，沿著逆時針方向纏繞這馬鞍藤，每一節莖有一個吸盤，伸入馬鞍藤中吸收養分，並且繼續長出其他的分枝。

「這種行為，已經影響到其他生物的生存，所以稱為入侵植物而不為過。但是中國人對植物的了解，似乎太過感性。」研究生們不太了解我的意思，我用古詩十九首中第八首《冉冉孤生竹》來解釋：「冉冉孤生竹，結根泰山阿；與君為新婚，菟絲附女蘿。菟絲生有時，夫婦會有宜。千里遠結婚，悠悠隔山陂。」

「這首詩是解釋菟絲和女蘿，都必須依附著在其他植物上才能夠生存，所以用這首詩比喻夫婦之間相互依存的關係，我稱為藤纏樹般楊過和小龍女的感情觀。」「看吧！兩個獨立的個體以一種合體出現，菟絲子即使再溫柔恬靜地纏繞著宿主，經過歲月沙塵風吹，即使不離不棄，相偎相依，聽起來也許很浪漫，但不出多久，馬鞍藤一定會被纏繞到枯萎為止。」

在台灣，菟絲子有群居的特性，所以在野外很容易被辨識。由於菟絲子能入中藥，大家幾乎忘記了菟絲子的侵入生態的危險性。

菟絲子　攝影／周睿鈺

布袋蓮　攝影／周睿鈺

布袋蓮：佛羅里達惡魔？

回到台南的陸地，我們看到池沼中繁衍快速的布袋蓮，在水域中聚集生長而形成群塊分布，幾乎佔據了水面的空間。

「布袋蓮，原來產在南美亞馬遜河流域，是熱帶及亞熱帶地區的天字第一號外來種水生植物。」二〇〇四年五月行政院農業委員會動植物防疫檢疫局在跨部會防治會議中，選出十大入侵種要犯，包括緬甸小鼠、松材線蟲、中國梨木蝨、蘇鐵白輪盾介殼蟲、美洲紅火蟻、福壽螺、河殼菜蛤、布袋蓮、小花蔓澤蘭與多線南蜥等，其中布袋蓮是水生植物中唯一被選為入侵植物。

布袋蓮在印度被稱為是「藍魔」，在南非被稱為是「佛羅里達惡魔」。這種植物因為散播快速，而且生命力旺盛，蒴果在掉落水中漂浮，或是埋藏於土中，種子的壽命竟然可以長達二十年而不腐敗。

在台灣許多池塘濕地，因為貪圖布袋蓮強力吸附溶於水中的銅、鋅、鎘等重金屬離子及吸收家庭污水的功能，而栽種這種植物。然而，布袋蓮在幾個月內就佔據水面，讓其他沈水性的水草沒有辦法照到陽光而死亡，甚至影響到水庫圳路閘門功能。對於這種頑抗的水生植物，雖然農民定期清除，但是越清越多，每年防治布袋蓮擴散的經費，高達新台幣一億多元。

台灣為了要學習其他國家以生物防治法根除布袋蓮，又引進了兩種外來種生物，例如在一九九二年從印尼引進布袋蓮象鼻蟲，接著又在一九九四年從美國佛羅里達州引進布袋蓮螟蛾，試圖減少布袋蓮佔據池塘濕地的情形。然而，針對大面積的布袋蓮族群，需要三到五年的時間，才能看到初步防治的成果。再來引進外來種來剋制外來種，彷彿是清末變法圖強「師夷之長技以制夷」的想法。還不如好好的利用布袋蓮的特性，讓這些除污專家為污染水質的過濾系統、土壤綠肥、燃料沼氣的來源或是改良成飼料來源而服務。

五分之一外來植物，威脅本土植物！

台灣有高達三分之一的物種是特有種，對於外來種的入侵，其實本土物種是非常敏感與脆弱的。根據世界自然保育聯盟的調查，外來入侵種對生物多樣性的威脅，僅次於棲息地的喪失。而在台灣，許多原生物種，例如台灣萍蓬草的棲地，在旱季的時候，被粉綠狐尾藻、翼莖闊苞菊、卡羅萊納過長沙所佔據。而喜愛栽種多樣性水生植物的愛好者，引進美洲萍蓬草、日本萍蓬草和台灣萍蓬草混種。在引水灌溉農田的埤塘環境，又常看見人厭槐葉蘋、大王蓮、大萍（水芙蓉）等外來種水生植物在池面漂浮。

現在除了牛蛙、家八哥、紅火蟻、吳郭魚、非洲大蝸牛和大陸畫眉等鳥類或動物，成為家喻戶曉的外來物種，但是針對二千多種外來種植物，例如對生態環境有潛在威脅性的銀合歡、香澤蘭、小花蔓澤蘭等植物，甚至是布袋蓮等水生植物造成的危害，似乎民眾並不在乎；而其中對自然生態環境具有潛在威脅性的植物，據估計有四百多種，佔外來種植物總數的百分之二十。我想，當初農民引進

翼莖闊苞菊 攝影／周睿鈺

卡羅萊納過長沙 攝影／周睿鈺

大王蓮　攝影／周睿鈺

大萍　攝影／周睿鈺

什麼是外來植物？入侵植物？歸化植物？

外來植物

指的是藉由人為因素，由原生棲地引進到其他棲地的外來種植物。外來植物大部分生長在原屬於人為干擾的農林荒廢地。優勢外來植物除了已經具備對當地環境高度適應能力以外，並且藉著人類活動而拓殖。

入侵植物

指外來植物在適應環境，成為歸化植物之後，大量繁殖並且擴散到自然環境中的植物。許多入侵植物除了像是菟絲子般地寄生在植株上，並且利用機會搶奪生長資源。例如，非洲鳳仙花和小花蔓澤蘭會侵佔其他植物的棲地。

歸化植物

也稱為「馴化植物」，這種植物主要是指由人為因素引進，並克服生殖隔閡產生子代的植物。外來植物進入之後，一旦適應當地環境後，成為歸化植物，目前台灣所知的歸化植物約有三八〇種。

美洲萍蓬草　攝影／周睿鈺

外來種植物的目的，可能是用來作為園藝景觀植物，或是當作飼料綠肥，甚至是藥草等，導致今天一發溢出而不可收拾。

但是這些植物從景觀苗圃或埤塘環境中逸出，到野外繁殖，將造成本土生態的嚴重問題，值得所有台灣人深思。

回憶在滿大人、海賊與「獵頭番」間的激盪歲月
Pioneering in Formosa
歷險福爾摩沙
台灣經典寶庫5
W. A. Pickering
(必麒麟) 原著
陳逸君 譯述
劉還月 導讀
19世紀最著名的「台灣通」
野蠻、危險又生氣勃勃的福爾摩沙
Recollections of Adventures among Mandarins, Wreckers, & Head-hunting Savages
前衛出版
AVANGUARD

國家圖書館出版品預行編目資料

生態瞬間 / 方偉達著. -- 初版. -- 台北市：前衛.
2010. 12
204面 ； 19×20.5公分

ISBN 978-957-801-657-6（平裝）

1. 生態危機 2. 自然保育 3. 文集 4. 台灣

367.707 99019760

生態瞬間

著　　者　方偉達
責任編輯　黃怡
美術編輯　余麗嬪
封面攝影　方偉達
封底攝影　劉正偉、劉康胤
出 版 者　前衛出版社
10468 台北市中山區農安街153號4F之3
Tel / 02-25865708　Fax / 02-25863758
郵撥帳號 / 05625551
e-mail / a4791@ms15.hinet.net
http://www.avanguard.com.tw
出版總監　林文欽
法律顧問　南國春秋法律事務所林峰正律師
總 經 銷　紅螞蟻圖書有限公司
台北市內湖舊宗路二段121巷28、32號4樓
Tel / 02-27953656　Fax / 02-27954100
出版日期　2010年12月初版一刷

定　　價　新台幣300元

Printed in Taiwan　ISBN 978-957-801-657-6